普通高等教育机器人工程专业系列教材

JIQIREN GONGCHENG ZHUANYE DAOLUN

机器人工程专业导论

主　编　刘佳霓　桂　伟　聂晶晶

副主编　周　浩　陈　鑫　潘　登

U0245028

大连理工大学出版社

图书在版编目（CIP）数据

机器人工程专业导论 / 刘佳霓，桂伟，聂晶晶主编
. -- 大连：大连理工大学出版社，2023.8（2023.8重印）
普通高等教育机器人工程专业系列教材
ISBN 978-7-5685-4446-7

Ⅰ．①机… Ⅱ．①刘… ②桂… ③聂… Ⅲ．①机器人
工程－高等学校－教材 Ⅳ．①TP24

中国国家版本馆 CIP 数据核字（2023）第 105001 号

大连理工大学出版社出版

地址：大连市软件园路 80 号　邮政编码：116023
发行：0411-84708842　邮购：0411-84708943　传真：0411-84701466
E-mail：dutp@dutp.cn　URL：https://www.dutp.cn
大连图腾彩色印刷有限公司印刷　　　大连理工大学出版社发行

幅面尺寸：185mm×260mm　　　印张：11.25　　　字数：260 千字
2023 年 8 月第 1 版　　　　　　　2023 年 8 月第 2 次印刷

责任编辑：王晓历　　　　　　　　　　　　责任校对：齐　欣
封面设计：对岸书影

ISBN 978-7-5685-4446-7　　　　　　　　　　定　价：40.80 元

本书如有印装质量问题，请与我社发行部联系更换。

前言 ▶ Preface

随着我国"互联网＋"和"人工智能＋"等国家战略的提出,机器人行业发展迅速。国家相继出台了一系列政策,对机器人工程专业人才的培养提出了新的要求。作为一个新兴专业,机器人工程专业涉及多个学科的知识,培养具备机械工程、计算机科学、人工智能、现代控制理论等多学科知识的高级专门人才是该专业的使命。为了进一步提升机器人工程专业人才的培养质量,为社会输送高素质的机器人工程专业人才,编者编写了这本《机器人工程专业导论》。

本教材编写团队深入推进党的二十大精神融入教材,充分认识党的二十大报告提出的"实施科教兴国战略,强化现代人才建设支撑"精神,落实"加强教材建设和管理"新要求,在教材中加入思政元素,紧扣二十大精神,围绕专业育人目标,结合课程特点,注重知识传授、能力培养与价值塑造的统一,高度契合社会主义核心价值观,紧密对接国家发展重大战略需求,服务于高水平科技自立自强、拔尖创新人才的培养。

本教材响应二十大精神,推进教育数字化,建设全民终身学习的学习型社会、学习型大国,及时丰富和更新了数字化微课资源,以二维码形式融合纸质教材,使得教材更具及时性、内容的丰富性和环境的可交互性等特征,使读者学习时更轻松、更有趣味,促进了碎片化学习,提高了学习效果和效率。

机器人工程专业是为适应工业化发展和信息化建设需要而产生的,机器人工程专业的产生与现代科学技术的发展是分不开的,其产生于工业自动化和信息自动化的发展过程中。现代工业自动化技术的发展和应用极大地提高了工业生产效率,机器人工程专业的产生和发展也是工业自动化技术和信息自动化技术发展的必然结果。机器人技术是集机械、电子、信息、控制、人工智能等学科为一体的高新技术。目前,机器人技术已广泛应用于工业生产制造、医疗卫生、家庭服务等领域。机器人技术的发展不仅极大地提高了生产效率,也使人类社会从繁重的劳动中解放出来,可以更好地服务于人类。

本教材在介绍机器人相关知识的基础上,主要介绍了机器人技术的发展现状、机器人的设计与制造技术,以及机器人在各个领域中的应用,为学生以后从事相关工作打下坚实基础。机器人工程专业学生毕业后的就业前景非常广阔,可从事工业机器人技术及产品的设计开发、系统集成与应用、维护维修等相关工作,也可以在科研机构、高等学校从事科研和教学工作。

本教材共7章,包括:绪论;机器人的本体;机器人运动学与轨迹规划;机器人控制;机器人的系统集成技术;工业机器人仿真技术;机器人的发展和展望。第1章绪论介绍了机器人的定义和发展历史,机器人的分类、结构和组成,机器人技术基础,机器人产业。第2

章机器人的本体介绍了机器人上肢的机构组成、机器人关节的典型机械部分,机器人的电源系统及驱动机构,机器人的传感器。第3章机器人运动学与轨迹规划介绍了机器人运动学的基本问题,坐标变换,D-H相关参数和使用D-H方法进行运动学分析的过程,机器人轨迹规划。第4章机器人控制介绍了伺服电动机调速控制系统,以直流伺服电动机为驱动器的单关节控制,机器人控制器的硬件和软件,机器人控制前沿技术。第5章机器人的系统集成技术介绍了机器人系统集成的概念和应用方向,机器人系统集成的相关设计软件,工业机器人仿真技术的应用场合与典型应用案例,自动化生产线的设计应用。第6章工业机器人仿真技术介绍了目前市面上常用的仿真软件,RobotStudio软件仿真的典型应用,虚拟仿真实验的情况。第7章机器人的发展和展望介绍了机器人的未来发展,机器人控制技术发展和展望,机器人的伦理。

本教材由武汉商学院刘佳霓、桂伟、聂晶晶任主编,武汉商学院周浩、陈鑫、潘登任副主编。具体编写分工如下:第1章、第2章由周浩编写,第3章、第4章由潘登编写,第5章、第6章由陈鑫、桂伟编写,第7章由聂晶晶编写。全书由刘佳霓统稿并定稿。

本教材可作为普通高等教育机器人工程专业教学用书,也可供相关领域技术人员参考。

在编写本教材的过程中,编者参考、引用和改编了国内外出版物中的相关资料以及网络资源,在此表示深深的谢意! 相关著作权人看到本教材后,请与出版社联系,出版社将按照相关法律的规定支付稿酬。

尽管我们在教材建设的特色方面做出了许多努力,但由于编者水平有限,书中不足之处在所难免,恳望各教学单位、教师及广大读者批评指正。

编 者

2023 年 8 月

所有意见和建议请发往:dutpbk@163.com

欢迎访问高教数字化服务平台:https://www.dutp.cn/hep/

联系电话:0411-84708445 84708462

目录 ▶ Contents

第1章

绪　论

微课1

本章任务

1. 了解机器人的定义和发展历史。
2. 掌握机器人的组成、分类和工作原理。
3. 了解机器人的各项技术基础内容。
4. 了解中国机器人产业发展概况。

机器人被誉为"制造业皇冠顶端的明珠",其研发、制造、应用是衡量一个国家科技创新和高端制造业水平的重要标志。机器人的开发最初是用在制造业领域,用来代替或协助人类完成枯燥的、重复的、危险的工作。但随着科学技术的发展,各种形式的机器人层出不穷。

当前,机器人产业蓬勃发展,正极大改变着人类生产和生活方式,为经济社会发展注入强劲动力。加快推动机器人产业高质量发展,以高端化、智能化发展为导向,面向产业转型和消费升级需求,坚持"创新驱动、应用牵引、基础提升、融合发展",着力突破核心技术,着力夯实产业基础,着力增强有效供给,着力拓展市场应用,提升产业链、供应链的稳定性和竞争力,持续完善产业发展生态,推动机器人产业高质量发展,为建设制造强国、健康中国,创造美好生活提供有力支撑。

本章将主要介绍机器人的定义,机器人的发展历史,机器人的分类、结构和组成、机器人的各项技术基础及机器人产业等。

1.1 概 述

1.1.1 机器人的定义

1920年,捷克作家卡雷尔·凯佩克(Karel Capek)发表了科幻剧本《罗萨姆的万能机器人》。在剧本中,凯佩克把捷克语"Robota"写成了"Robot","Robota"是奴隶的意思。该剧预告了机器人的发展对人类社会的悲剧性影响,引起了人们的广泛关注,被当成了"机器人"一词的起源。后续,世界各国都用Robot作为机器人的代名词。

1942年,美国科幻小说作家、科普作家艾萨克·阿西莫夫(Isaac Asimov)在其出版的科幻作品《Run Around》中首先提到机器人三定律:

第一定律:机器人不得伤害人类个体,或者目睹人类个体将遭受危险而袖手不管。

第二定律:机器人必须服从人类给予它的命令,当该命令与第一定律冲突时例外。

第三定律:机器人在不违反第一、第二定律的情况下,要尽可能保护自己的生存。

后来又补充:机器人必须保护人类的整体利益不受伤害,以上三条定律都是在这一前提下才能成立。

机器人虽然已应用在各行各业,但是关于机器人的定义却一直没有统一、严格的说法。以下是各国对机器人的定义:

美国机器人协会(RIA):一种用于移动各种材料、零件、工具或专用装置的,通过程序动作来执行各种任务,并具有编程能力的多功能操作机。

日本工业标准局:一种机械装置,在自动控制下,能够完成某些操作或者动作功能。

英国:貌似人的自动机,具有智力的和顺从于人的但不具有人格的机器。

国际标准化组织:机器人是一种能够通过编程和自动控制来执行诸如移动等任务的机器。

中国:机器人是一种自动化的机器,这种机器具备一些与人或生物相似的能力,如感知能力、规划能力、动作能力和协同能力,是一种具有高度灵活性的自动化机器。

尽管各国对机器人的定义不同,但基本上都指明了作为"机器人"所具有的两个共同点:

①通用性:机器人是一种自动的机械装置,可以在无人参与下,自动完成多种操作或动作功能。

②适应性:可以进行编程,完成不同任务。

可以看出,在机器人出现的早期,机器人的定义更多偏向于一种自动化的机器,侧重于工业应用。但随着科技进步,现今的机器人大多具有感知、决策、执行等基本特征,不仅可以辅助,甚至可以替代人类完成很多危险、繁重、复杂的工作,还可以与人类进行交流,进入人类生活中的各个环节,影响衣、食、住、行,智能、智慧的特征更加突出。

1.1.2 机器人的发展历史

1.国外机器人发展历史

公元前 3 世纪,古希腊发明家戴达罗斯用青铜为克里特岛国王迈诺斯塑造了一个守卫宝岛的青铜卫士塔罗斯。

公元前 2 世纪,古希腊人发明了一个机器人,它是用水、空气和蒸汽压力作为动力,能够做动作,会自己开门,可以借助蒸汽"唱歌"。

1495 年,莱昂纳多·达·芬奇(Leonardo DaVinci)设计了一种发条骑士,试图让它能够坐直身子、挥动手臂以及移动头部和下巴,是人形机器人的雏形。

1738 年,法国天才技师杰克·戴·瓦克逊发明了一只机器鸭,它会嘎嘎叫、会游泳和喝水,还会进食和排泄。

1928 年,W. H. Richards 发明出第一个人形机器人埃里克·罗伯特(Eric Robot)。这个机器人内置了马达装置,能够进行远程控制及声频控制。

1952 年,美国麻省理工学院研制出第一台带有控制器的三轴铣床,标志着世界上第一台数控机床的诞生。

1954 年,工业机器人先驱乔治·德沃尔(George Devol)开发出世界第一台可编程的机器人"尤尼梅特"(Unimate),它在 1961 年被安装到通用汽车公司(GM)的汽车装配生产线上,正式开始工作。

1956 年,乔治·德沃尔(George Devol)和约瑟·英格柏格(Joe Engelberger)成立了世界第一家机器人公司 Unimation,标志着机器人产业的诞生。

1969 年,日本早稻田大学加藤一郎教授研发出了世界上第一台用双脚行走的机器人。

1972 年,意大利的菲亚特汽车公司(FIAT)和日本日产汽车公司(Nissan)安装运行了点焊机器人生产线。这是世界第一条点焊机器人生产线

1973 年,第一台机电驱动的 6 轴机器人面世。德国库卡公司(KUKA)将其使用的 Unimate 机器人研发改造成其第一台产业机器人,命名为 Famulus,这是世界上第一台机电驱动的 6 轴机器人。同年,日本日立公司(Hitachi)开发出为混凝土桩行业使用的自动螺栓连接机器人。这是第一台安装有动态视觉传感器的工业机器人。

1974 年,瑞典通用电机公司(ASEA,ABB 公司的前身)开发出世界上第一台全电力驱动、由微处理器控制的工业机器人 IRB6。IRB6 手臂动作模仿人类的手臂,载重为 6 kg,具备 5 个自由度。IRB6 配备有英特尔 8 位微处理器,同时还有四位数的 LED 显示屏。

1978 年,美国 Unimation 公司推出通用工业机器人(Programmable Universal Machine for Assembly,PUMA),应用于通用汽车装配线,这标志着工业机器人技术已经完全成熟。

1978 年,日本山梨大学的牧野洋(Hiroshi Makino)发明了选择顺应性装配机械手(Selective Compliance Assembly Robot Arm,SCARA)。这是世界上第一台 SCARA 工业机器人。

1981 年,美国卡内基梅隆大学的 Takeo Kanade 设计开发出世界上第一个直接驱动机器人手臂(Direct Drive Robotic Arms)。

1996 年瑞典家电巨头伊莱克斯(Electrolux)制造了世界上第一台量产扫地机器人的原型——三叶虫。"三叶虫"的高度只有 13 cm,可以钻到桌子和床底下进行清理。"三叶虫"扫地机器人能够利用超声波传感器探测躲避障碍,同时构建房间地图。

2001 年,美国麻省理工学院研发出了世界上第一个能够模拟感情的机器人。在这之后,各国的科学家都开始研究能表达更多感情甚至能够进行自我学习的机器人。

2003 年,机器人参与火星探险(图 1-1),两台漫游者机器人开始探索火星表面和地质任务。

2003 年,德国库卡公司(KUKA)开发出第一台娱乐机器人 Robocoaster。乘客可以坐在机器人内部,在空中旋转,这是现代游乐园空中旋转机器的雏形。

2004 年,日本安川(Motoman)机器人公司改进了机器人控制系统(NX100),NX100 能够同步控制四台机器人。

图 1-1　漫游者

2008 年,日本发那科(FANUC)公司推出了重型机器人 M-2000iA,其有效载荷可达 1 200 kg。

2009 年,瑞典 ABB 公司推出了世界上最小的多用途工业机器人 IRB120。

2010 年,德国库卡公司(KUKA)推出了一系列新的货架式机器人(Quantec),该系列机器人拥有 KRC4 机器人控制器。

2011 年,美国"发现号"航天飞机将一台机器人宇航员"R2"送入国际空间站(图 1-2)。"R2"可以帮助宇航员执行过于危险或者烦琐的太空任务,机器人宇航员是由美国宇航局和通用汽车公司联合开发设计的,全身装备各种各样的感应器,并有一双灵活的机械手。

图 1-2　机器人宇航员

2014 年,英国雷丁大学的研究表明,有一台超级计算机成功让人类相信它是一个 13 岁的男孩儿,从而成为有史以来首台通过"图灵测试"的机器。

2015 年,汉森机器人技术公司(Hanson Robotics)开发出了类人机器人索菲亚(Sophia),它也是历史上首个获得公民身份的机器人。索菲亚拥有橡胶皮肤,能够表现出超过 62 种面部表情,并能够识别人类面部,与人进行眼神交流。

2016 年,谷歌人工智能系统 AlphaGo 击败世界围棋冠军李世石。AlphaGo 是一款围棋人工智能程序,它用到了很多新技术,如神经网络、深度学习、蒙特卡洛树搜索法等,使其实力有了实质性飞跃。

纵观国外机器人发展史上的典型事件,当前对全球机器人技术发展影响最大的国家应该是美国和日本。美国在机器人技术的综合研究水平上仍处于领先地位,而日本生产的机器人在数量、种类方面则居世界首位。

2. 国内机器人发展历史

在中国古代的各种发明创造中，很多都充满了机器人元素。公元前 2600 年，古代能人巧匠制作的指南车能够实现"车虽回运而手常指南"(图 1-3)。春秋战国时期(公元前 770 年－公元前 221 年)，鲁班制作的"木鹊"，可以连飞三天而不落地。这可以称得上是世界第一个空中机器人。东汉时期(公元 25 年—220 年)，发明了测量路程用的"计里鼓车"。《古今注》记载"车上为二层，皆有木人，行一里，下层击鼓；行十里，上层击镯"，结构奇妙无比。三国时期(公元 220 年—280 年)，蜀汉丞相诸葛亮发明的"木牛流马"，可以运送军用物资，堪称最早的陆地军用机器人。

图 1-3 指南车复原模型

中国机器人的研究起步较晚，大致经历了 70 年代的萌芽期，80 年代的开发期和 90 年代的适用化期。

1985 年，工业机器人被列入了国家"七五"科技攻关计划研究重点项目，要求在工业机器人基础技术、基础器件开发、搬运、喷涂和焊接机器人等方面展开重点研究。同年，上海交通大学机器人研究所完成了"上海一号"弧焊机器人的研究，这是中国自主研制的第一台 6 自由度关节机器人。

1994 年，中科院沈阳自动化所成功研制了中国第一台无缆水下机器人"探索者号"，主要用于防险救生作业和海底资源考察。"探索者号"长为 4.4 米，宽为 0.8 米，高为 1.5 米，载体重 2.2 吨，最大潜水深度为 1 000 米。"探索者号"的成功研制，标志着中国水下机器人技术已走向成熟。

1995 年，中国第一台高性能精密装配智能型机器人"精密一号"在上海交通大学诞生，它的诞生标志着中国已具有开发第二代工业机器人的技术水平。

1997 年，中科院沈阳自动化所研制的 6 000 米无缆水下机器人试验应用成功，标志着中国水下机器人技术已达到世界先进水平。

2000 年，中国独立研制的第一台具有人类外形、能模拟人类基本动作的类人型机器人在长沙国防科技大学问世。

2008 年，国内首台家用网络智能机器人——塔米(Tami)在北京亮相。

2014 年，国内首条"机器人制造机器人"生产线投产。

2015 年，中国研制出世界首台自主运动可变形液态金属机器。

2017 年，中国家电企业美的集团收购德国库卡机器人公司。

21 世纪之后，机器人对各行各业的影响逐渐凸显，中国也相继出行了多项政策文件来推进机器人产业的发展。2016 年 5 月，随着《机器人产业发展规划(2016—2020 年)》的发布，进一步为"十三五"期间中国机器人产业发展规划指明了方向。2021 年 11 月，工业和信息化部等十五部门联合印了《"十四五"机器人产业发展规划》。规划指出，到 2025 年中国成为全球机器人技术创新策源地、高端制造集聚地和集成应用新高地。"十四五"期间，将推动一批机器人核心技术和高端产品取得突破，整机综合指标达到国际先进水平，关键零部件性能和可靠性达到国际同类产品水平；机器人产业营业收入年均增速超 20%；形成一批具有国际竞争力的领军企业及一大批创新能力强、成长性好的专精特新

"小巨人"企业,建成 3~5 个有国际影响力的产业集群;制造业机器人密度实现翻番。

为满足日益增长的机器人产业发展对专业技术人才的需求,2015 年,教育部在高等教育本科阶段设立了机器人工程专业。2016 年,东南大学招收第一批机器人工程专业本科学生。随后几年,机器人工程专业在全国各大高校陆续开设。积极培养掌握各类机器人及高端机器人设计、制造等知识和技能的复合型人才,是中国机器人工程专业人才培养建设的重要目标。

1.2 机器人的分类、结构和组成

1.2.1 机器人的分类

机器人可按照应用领域、结构形式、控制方式、智能化程度、坐标形式等方式进行分类,不同的分类方式可以从不同角度揭示机器人的特点。

1. 国际上机器人分类

国际上通常将机器人分为工业机器人和服务机器人两大类。工业机器人是集机械、电子、控制、计算机、传感器、人工智能等多学科先进技术于一体的现代制造业重要的自动化装备。服务机器人可以分为专业领域服务机器人和个人/家庭服务机器人,服务机器人的应用范围很广,主要从事维护保养、修理、运输、清洗、保安、救援、监护等工作。

2. 国内机器人分类

中国从应用环境出发,将机器人分为工业机器人、特种机器人和服务机器人三大类。

工业机器人是一种面向工业领域的多关节机械手或多自由度的机器装置,在工业生产加工过程中通过自动控制来代替人类执行某些单调、重复的长时间作业,如焊接、打磨、喷涂、搬运、加工、装配等,如图 1-4 所示。

(a)焊接机器人

(b)打磨机器人

(c)喷涂机器人

(d)搬运机器人

(e)加工机器人

(f)装配机器人

图 1-4 典型工业机器人的应用领域

特种机器人是除工业机器人之外的,用于非制造业并服务于人类的各种先进机器人。

它和国外的专业领域服务机器人逻辑上是一致的,包括空间机器人、水下机器人、建筑机器人、教学机器人、农业机器人、医疗机器人等。

①空间机器人:在太空中进行科学试验、出舱操作和空间探测等活动的特种机器人。

②水下机器人:用于海底探测、安全搜救、能源产业和渔业等。

③建筑机器人:用于工程搬运、建设和装修,例如砌墙、贴瓷砖等。

④教学机器人:用于大中专院校的实验实训平台,其与工业机器人相比,体积小、质量轻。

⑤农业机器人:行走机构常为履带式、腿式及轮腿结合式,用于田间作业。

⑥医疗机器人:用于医疗领域,例如手术机器人、康复机器人、消毒机器人等。

服务机器人包括公共服务机器人和个人服务机器人,与特种机器人定义的专业领域有所区别但也有交叉。随着科技进步和人们生活水平的提高,服务机器人的应用场景越来越广,例如,在展览会场、旅游景点、政府机关、博物馆等场景为客人提供信息咨询服务的迎宾机器人、导游机器人、接待机器人;商场的导购机器人、售货机器人;在建筑物内进行自动巡视的保安巡逻机器人;家庭用扫地机器人、益智机器人。家庭用服务机器人的发展结合 AI 技术,人机交互形式多样化,侧重于人机对话和情感交流。

3. 按机械结构形式分类

串联机器人(图 1-5):机器人的各个连杆串联,形成一个开运动链,除了两端的杆只能和前或后连接外,每一个杆和前面/后面的杆均通过关节连接在一起。

并联机器人(图 1-6):动平台和定平台通过至少两个独立的运动链相连接,机构具有两个或两个以上自由度,且以并联方式驱动。

图 1-5　串联机器人　　　　　　　　图 1-6　并联机器人

4. 按智能化程度分类

第一代机器人:示教再现型机器人。一般由机器人本体、执行机构、控制系统、示教盒等组成,按照编制好的程序执行。1962 年美国研制的 PUMA 机器人即通用示教再现型机器人,目前大部分已商业化的工业机器人还属于第一代机器人。示教是指工作人员通过"示教器"将机器人移动到某些希望的位置上,按下"示教器"上的"记忆键",并定义这些位置的名称,使机器人记忆这些位置。机器人作业时,通过读取示教存储程序和信息,重复示教的结果,再现示教的动作。例如汽车车身的焊接,操作人员首先会操作机器人按照焊缝的位置设置好焊接点,设计焊接路径,编制程序,让机器人记录并存储这些位置信息。

程序设置完成以后,机器人就可以重复这一工作。第一代机器人具有完备的内部传感器来检测机器人各关节的位置及速度等运动信息,并反馈给机器人的控制器来控制机器人的运动。但缺少与外界环境的交互,对外界的环境没有感知,例如无法检测是否有工件存在、夹持力的大小、是否会发生碰撞、焊接质量的好坏等。

第二代机器人:感觉型机器人。在20世纪70年代后期,人们开始研究第二代机器人,称为感觉型机器人,这种机器人拥有类似人在某种感觉功能,如力觉、触觉、滑觉、视觉、听觉等,它能够通过感觉来感受和识别工件的形状、大小、颜色。第二代机器人拥有外部传感器,对工作对象、外界环境具有一定的感知能力。感知的外界信息能够传送到机器人控制器中参加控制运算、控制程序的执行。例如,在汽车车身焊接的过程中,安装视觉传感器,能够捕捉焊缝位置,动态调整焊接路径,提高焊接质量。

第三代机器人:智能型机器人。在20世纪90年代以来发明的机器人,这种机器人拥有多种高级传感器,可以进行复杂的逻辑推理、判断及决策,在内部状态与外部环境发生变化时,能够及时采集信息,自主决定自身行为。这类机器人拥有高度自适应能力,是机器人今后的发展方向。

5.坐标形式分类

机器人的各个连杆之间通常采取转动关节或移动关节进行连接,关节型机器人按照前三个运动关节形式的不同,可分为直角坐标型、圆柱坐标型、球坐标型和关节坐标型。

1)直角坐标型机器人

直角坐标型机器人是由三个移动关节组成的(代号PPP),其运动空间为沿三个相互垂直坐标轴线的移动,X,Y,Z轴三个方向的移动相互独立。直角坐标型机器人的结构简单、精度高、载荷低,坐标计算和控制都极为简单。其全是直线移动,动作范围小,体积大,因此,在物流设备、搬运码垛、生产线上/下料行业中应用较多。直角坐标型机器人及其运动简图,如图1-7、图1-8所示。

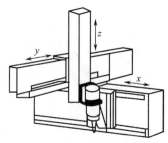 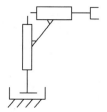

图 1-7 直角坐标型机器人　　　　图 1-8 直角坐标型机器人运动简图

2)圆柱坐标型机器人

圆柱坐标型机器人是由一个转动和两个移动关节组成(代号RPP),工作空间图形为圆柱形。与直角坐标型机器人相比,在相同的工作条件下,机体的体积轻小,而运动范围更大。

由于基座采用的是回转关节,因此,这种机器人适用于用回转动作进行物料的搬运。圆柱坐标型机器人及其运动简图,如图1-9、图1-10所示。

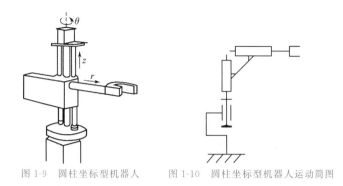

图 1-9　圆柱坐标型机器人　　图 1-10　圆柱坐标型机器人运动简图

3)球坐标型机器人

球坐标型机器人是由两个转动和一个移动关节组成(代号 RRP),如图 1-11 所示。UNIMATE 机器人是典型的球坐标型机器人。这种机器人占地面积较小,结构紧凑,并且能够与其他机器人协调工作,质量较小,但避障性差,有平衡问题。其位置误差与臂长有关。球坐标型机器人运动简图,如图 1-12 所示。

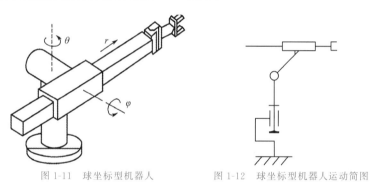

图 1-11　球坐标型机器人　　　　图 1-12　球坐标型机器人运动简图

4)关节坐标型机器人

机器人各部分主要由回旋和旋转关节构成,无法用常见的坐标系来命名,这类机器人便称为关节坐标型机器人。关节坐标型机器人的结构类似于人的手臂,全部是转动的关节,使得这种结构适应性好,对于三维空间中的确定位置点,能够以任意姿态到达,但其坐标计算和控制比较复杂,且难以到达高精度。在汽车、3C 等高附加值行业和工艺中应用广泛,如焊接、精密装配等。SCARA 型和 PUMA 型机器人是两种典型的关节型坐标机器人。

(1)SCARA 型机器人:SCARA(Selective Compliance Assembly Robot Arm)型机器人有 3 个转动轴,1 个移动轴。如图 1-13 所示,3 个转动轴的轴线相互平行,在平面内进行定位和定向。移动关节完成末端件在垂直平面的运动。这类机器人结构轻便、移动速度快,最适用于在垂直方向进行装配作业。图 1-14 是 SCARA 型机器人实物。

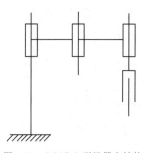

图 1-13　SCARA 型机器人结构　　　　图 1-14　SCARA 型机器人实物

（2）PUMA 型机器人：PUMA（Programmable Universal Manipulator for Assembly）型机器人的手臂部分由 2 个回转轴和 1 个旋转轴构成，如图 1-15 所示。它主要应用于焊接机器人和喷漆机器人。

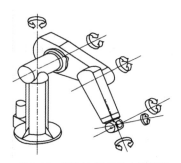

图 1-15　PUMA 型机器人的结构

6.其他分类方式

机器人还有很多其他的分类方式，按驱动方式可分为气压、液压、电力驱动；按控制方式可分为点位控制、连续轨迹控制；按负载能力可分为大型、中型、小型等。

1.2.2 机器人的结构

随着机器人研究的深入以及机器人应用领域的拓展，不同类型、应用场景的机器人在外形上存在着较大的差异。但总体来说，机器人的结构可以从工业机器人、移动机器人两个角度去介绍。

1.工业机器人结构

1）机器人的关节、自由度

工业机器人的结构本质上为空间的多连杆系统，通过不同的构型，能够以各种姿态到达三维空间的不同位置。

两个相邻连杆之间的连接形成关节或运动副，关节可以分成转动关节（R）和移动关节（P）。

转动关节由回转轴、轴承和驱动机构组成，其运动简图如图 1-16 所示。移动关节由直线运动机构、直线导轨两部分组成，其运动简图如图 1-17 所示。

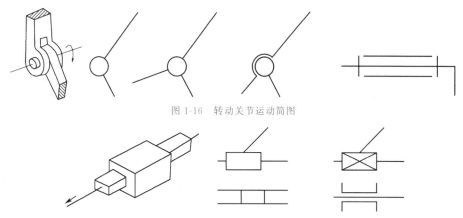

图 1-16 转动关节运动简图

图 1-17 移动关节运动简图

不同数量的连杆以不同关节形式组合在一起,能够实现多种运动形式,图 1-18 是一个由 5 个转动关节和 1 个移动关节组成的多关节空间运动构型。

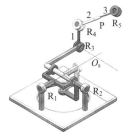

图 1-18 多关节空间运动构型

连杆和运动副构成机器人手臂的方法可分为两种:一种是串联结构,构成串联杆件机械手臂,也称串联机器人;另一种是并联结构,构成并联机构机械手臂,也称并联机器人。串联机器人和并联机器人在结构上有很大不同。首先,串联机器人是开环系统,手臂比较灵活,工作空间较大,但负载相对较小。并联机器人是闭环系统,灵活性相对较差,但系统刚度大。其次,在每个连杆的驱动上,串联机器人均需要减速器,并且每个连杆的驱动功率不同,电动机型号也不同。并联机器人一般不需要减速器,每个电动机的驱动功率相同。

除了结构,串联机器人和并联机器人在运动学的求解上也有较大区别,该点会在运动学章节中进行详细说明。在应用领域上,串联机器人和并联机器人也发挥着各自的作用。串联机器人应用范围较广,一般工业现场的搬运、上下料、焊接、喷涂等环节都有应用。并联机器人拥有重量轻、速度高、刚度高、承载能力大、工作空间较小等优点,实际应用领域包括食品、电子、化工、包装等行业的分拣、搬运、装箱;生物医学工程中的细胞操作机器人、微外科手术机器人等;军事领域中的潜艇、坦克驾驶运动模拟器,潜艇及空间飞行器的对接装置、姿态控制器。

GB/T 12643 中自由度的定义是,指用以确定物体在空间独立运动的变量。常见的曲柄摇杆、四连杆机构等机械结构通常是单自由度,也就是说只有一个原动件。而工业机器人的结构中,每一个连杆都有一套独立的驱动系统,通常情况下,工业机器人的驱动数、关节数、自由度是一致的。

2)工业机器人的本体结构

工业机器人本体结构包括机体结构和机械传动系统,也是机器人的支撑基础和执行机构。工业机器人的本体一般包括机身、手臂、手腕、手部、传动系统五大部分。

机身:机器人的基础部分,起支撑作用。机身在设计过程中必须满足强度和刚度要大,稳定性要好。机身可分为移动式和固定式。

手臂:联结机身和手腕的部分,满足机器人的作业空间并将载荷传递到机座。手臂一般可分为大臂、小臂,典型结构有伸缩机构、俯仰机构、回转与升降机构。

手腕:联结机器人手臂与手部的部分,主要用于改变手部运动方向和传递载荷。按转动特点的不同,用于手腕关节的转动又可细分为滚转和弯转两种。如图 1-19 所示,滚转是指组成关节的两个零件自身的几何回转中心和相对运动的回转轴线重合,能实现 360° 无障碍旋转,通常用 R 来标记。如图 1-20 所示,弯转是指两个零件的几何回转中心不重合,受到结构的约束,转动角度小于 360°,通常用 B 来标记。图 1-21 是几种常用的三自由度手腕示意。

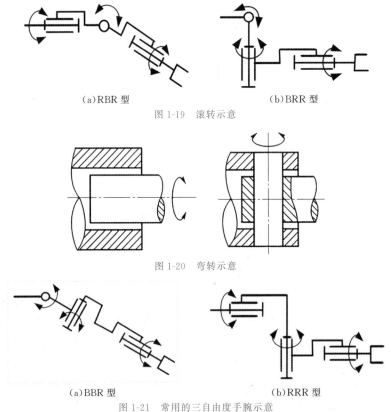

(a)RBR 型　　　　　　　　　　　　(b)BRR 型

图 1-19　滚转示意

图 1-20　弯转示意

(a)BBR 型　　　　　　　　　　　　(b)RRR 型

图 1-21　常用的三自由度手腕示意

手部:也叫末端执行器,是工业机器人为了方便作业在手腕上配置的操作机构。手部按照用途可分为手爪和专用工具。手爪的形式多种多样,按照原理可以分为机械手爪、磁力吸附类手爪、真空吸附类手爪。图 1-22 是常见的机械手爪形式。常见的专用工具有焊枪、打磨工具、喷涂工具等。

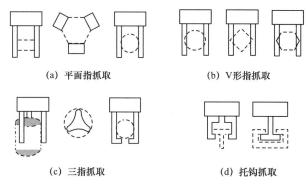

(a) 平面指抓取   (b) V形指抓取

(c) 三指抓取   (d) 托钩抓取

图 1-22 常见机械手爪结构形式

传动系统：传动系统的作用是将驱动器的运动传递到关节和执行机构上。机器人中常用的传动机构有齿轮传动、螺旋传动、带传动、连杆机构等。

3）工业机器人与数控机床的区别

1952 年世界首台数控机床由美国麻省理工学院率先研发成功，其诞生比工业机器人早 7 年。机器人发明人乔治·德沃尔（George Devol）最初所申请的专利，就是利用数控机床的伺服轴来驱动连杆机构动作，然后通过控制器对伺服轴的控制，来实现机器人的功能。因此，工业机器人的很多技术都来自数控机床。

从结构上看，工业机器人由于需要模拟人的动作和行为，结构形态丰富，故经常采用串联多关节及柱坐标、球坐标、并联轴等结构形态。而数控机床的结构形态比较单一，大多数都采用直角坐标结构，在此基础上，可通过回转、摆动轴扩大功能，其加工范围都局限于设备本身范围。

从作用上看，数控机床用来加工机器零件的设备，没有机床就几乎不能制造机器和工业产品。工业机器人目前绝大多数还只是用于零件搬运、装卸、包装、装配的生产辅助设备，或是进行焊接、切割、打磨、抛光等简单粗加工的生产设备，在机械加工自动生产线上（焊接、涂装线除外）所占的价值一般只有 15% 左右。

从目的和用途上来看，研发数控机床的根本目的是解决机床在轮廓加工时的刀具运动轨迹控制问题；而研发工业机器人的根本目的是用来协助或代替人类完成那些单调、重复、频繁或长时间、繁重的工作，或进行高温、粉尘、有毒、易燃、易爆工作环境下的作业。简言之，数控机床是直接生产设备，而大部分工业机器人用来替代或部分替代操作者的生产辅助设备，两者目前尚无法相互完全替代。工业机器人与数控机床的异同见表1-2。

表 1-2   工业机器人与数控机床的异同（数据来源：新时代证券研究所）

	工业机器人	数控机床
相同点	运动结构：由输入装置、控制系统、伺服系统、执行机构组成	
	按照预先设定的程序运行	
	靠自身动力和控制能力实现功能	
	柔性高效，可完成复杂、精密加工	

（续表）

	工业机器人	数控机床
不同点	可以移动,扩展工作范围	安装后固定,工作范围有限
	按手臂运动形态分为直角坐标、圆柱坐标、球坐标型和关节型	无关节,均为直角坐标
	可装多种传感器,环境适应性强,拟人化特性用性强	机器属性更强,环境适应性弱
	通用性强,可执行多种任务	通用性弱,多为专机
	易操作和维护,人才培育门槛低	对人才素质要求高,操作和维护复杂
	价格较低,通常从几万到几十万元	价格高,十几万到几百万元

高档数控机床和机器人是十大重点领域之一,中国要想成为制造强国,必须要突破高档数控机床和机器人的关键技术。同时,工业机器人与数控机床的融合也是整个产业链的发展趋势,结合科研的最新成果来促进两大产业的融合发展,有利于中国拓宽其他领域的视野,更好地参与到国际的竞争中去,实现产业的优势和核心竞争力。

2. 移动机器人结构

工业机器人结构是对人类手臂动作和功能的模拟和扩展,移动机器人结构是对人类行走功能的模拟和扩展。具有移动功能的机器人称为移动机器人。移动机器人的应用涉及工业、生活、水下、太空等各个领域。

移动机器人的移动机构形式主要有车轮式移动机构、履带式移动机构和腿足式移动机构。在运行过程中,车轮式移动机构和履带式移动机构和地面始终保持接触,腿足式移动机构和地面间歇性接触。

此外,根据仿生学的原理,还有步进式移动机构、蠕动式移动机构、混合式移动机构和蛇行式移动机构等,适合于各种特别的场合。

车轮式移动机构目前有 2 轮式、3 轮式及 4 轮式。

图 1-23 所示的平衡车是典型的 2 轮式移动机构,平衡车通过陀螺仪(图 1-24)得到车架的姿态角度,将当前角度值与目标角度进行对比来控制两个轮子的转动,以保证车架维持在目标角度保持平衡,同时通过速度环和转向环控制车身运行的速度和方向。

图 1-23　平衡车　　　　　　　　图 1-24　陀螺仪

移动小车中采用 3 轮、4 轮移动机构大多能实现全方位移动。例如图 1-25 所示的 3 轮移动小车,3 组轮子呈等边三角形分布在机器人的下部,每组轮子由若干个滚轮组成。控制器既可以控制驱动电动机(图 1-26)同时驱动全部三组轮子,也可以分别驱动其中两组轮子,这样机器人就能够在任何方向上实现移动。

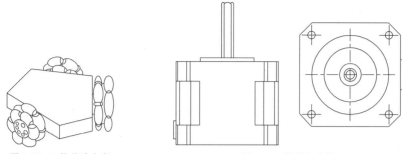

图 1-25　3 轮移动小车　　　　　　　　图 1-26　驱动电动机

　　图 1-27 所示的小车是采取轮式移动底盘结合机械手的理念设计出一种适用于转移物品的搬运机器人。移动底盘采用 4 个电动机驱动单独驱动 4 个麦克纳姆轮(图 1-28),麦克纳姆轮车轮结构包含主动轮毂和沿轮毂外缘按一定方向均匀分布着的多个被动辊轮组成,由于每个车轮均有这个特点,经适当组合后就可以实现车体的全方位移动。基于麦克纳姆轮的这一结构特点,在此基础上研制的全方位移动叉车和运输平台非常适合转运空间有限、作业通道狭窄的作业环境。例如舰船环境,在提高舰船保障效率、增加舰船空间利用率,以及降低人力成本方面具有明显的效果。

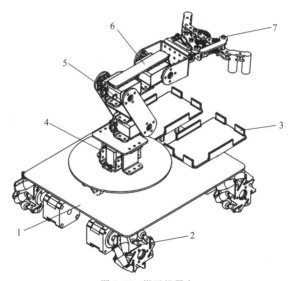

图 1-27　搬运机器人

1—步进电动机;2—麦克纳姆轮;3—置物台;4—旋转盘;5—大臂;6—小臂;7—夹爪

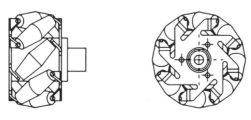

图 1-28　麦克纳姆轮三维模型图

3. 履带式移动机构

履带是包含主动轮、负重轮、诱导轮和托带轮的柔性链环。履带移动机器人适合在凹凸不平的崎岖地面上行走,并能跨越障碍。履带机器人搭载传感器、摄像头、探测器等装置代替人类从事排爆、化学探测等危险工作。在农林业履带机器人也有广泛应用,图1-29是一种用于树林的履带式喷洒机器人。

履带机器人的特点:

①履带式移动机器人与地面接触大,接地比压小,在爬坡、越障过程中比轮式移动机器人具有更好的优势。

②履带式移动机器人通过两条履带之间的速度差可以实现原地转向。

③履带支撑面有履齿,不易打滑,还可以在前进过程中发挥较大的牵引力。

④履带式移动机器人具有良好的自复位功能,带有履带臂的机器人还可以实现与腿式机器人一样的行走功能。

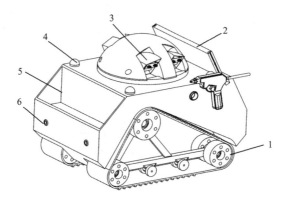

图1-29 履带式喷洒机器人

1—履带移动机构;2—太阳能板;3—旋转喷洒装置;4—声波感应装置;5—储物箱;6—红外感应装置

由于具有以上特点,履带机器人在各领域有广泛的应用,对履带机器人结构、控制方面的研究也越来越多,主要集中在以下几个方面:

①轮履复合式机器人与轮腿复合结构机器人,在复杂或特殊环境中的应用。

②自重构履带式机器人的研究。

③多履带式移动机器人交互与协作。

4. 腿足式移动机构

车轮式移动机器人只有在平坦地面上才能够正常工作,履带式机器人能够适应一定的凹凸不平地形,但当地面的不平整程度过大,或者地面很软时,腿足式的移动机构便有很大的优势。足式移动机器人是模仿人或者自然界生物的运动而开发的一类机器人,从腿部数量的不同可分为单足跳跃式机器人、双足人形机器人、四足/六足/八足移动机器人等。不同类型的足式机器人在结构设计、自由度、运动形式等方面均有不同。虽然足式机器人对地面适应能力较强,但随着足式机器人腿部数量的增加,关节数量较多,驱动和控制都更加复杂。

1）两足步行机器人

两足步行机器人的开发最开始模拟人类双腿的动作,在外观上做成仿人结构,也可称为仿人机器人或人形机器人。图 1-30 所示为单腿具有 6 个自由度的足形机器人腿部结构及关节分解。其中,髋关节(Hip Joint)带有 3 个自由度,分别能实现翻转、偏转、俯仰;膝关节(Knee Joint)带有 1 个自由度;踝关节(Ankle Joint)带有 2 个自由度。足型机器人的各个关节可以采用舵机进行驱动,舵机的好坏决定了机器人行走的质量。

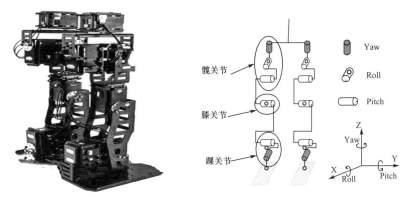

图 1-30　足形机器人腿部结构及关节分解

2018 年,波士顿动力开发的 Atlas 人形机器人(图 1-31),能够完成跑步前进、跳跃障碍物、立定跳远等动作。经过改进,Atlas 甚至可以完成三连跳、360°翻跟头、倒立、旋转、跳跃等高难度动作。国内开发人形机器人比较突出的有北京钢铁侠科技有限公司开发的 ARTROBOT 人形机器人(图 1-32)、深圳市优必选科技股份有限公司开发的 WALKER X 大型仿人服务机器人(图 1-33)。清华大学、北京理工大学、浙江大学等高校也在从事人形机器人的研究。

图 1-31　Atlas 人形机器人　　图 1-32　ARTROBOT 人形机器人　　图 1-33　WALKER X 大型仿人服务机器人

2）多足步行机器人

多足步行机器人基本是模拟动物行走的机器人,因此其结构与动物结构相似。目前比较常见的多足机器人有四足大狗机器人(图 1-34),六足蜘蛛机器人(图 1-35)。多足步行机器人在结构上的特点如下:

①冗余驱动。为了适应各类不同地形,能够做出不同复杂动作,多足机器人设置的关节较多,均为冗余驱动结构。

②多支链。

③时变拓扑运动机构。

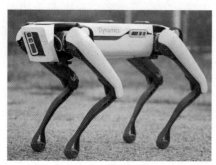
图1-34 四足大狗机器人

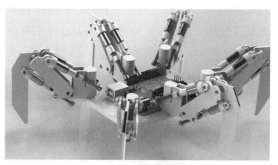
图1-35 六足蜘蛛机器人

多足机器人在设计过程中重点要考虑的问题是机器人的机械结构、多足协调控制和机器人的步态选择问题。

1.2.3 机器人的组成和工作原理

1. 机器人的组成结构

在前一小节重点讨论的是机器人的本体结构,然而一个完整的机器人系统,还应包含控制、信息交互等环节。移动机器人和工业机器人在外观结构上虽然差别较大,但作为一个机器人系统,其组成和工作原理基本是相同的。

从系统的角度来看,一个完整的机器人应包括驱动系统、机械系统、感知系统、控制系统、人机交互系统以及机器人-环境交互系统六个部分。

1)驱动系统

驱动系统用来驱动机器人本体各关节的运动。根据驱动源的不同,驱动系统可分为电动、液动、气动三种方式。图1-36所示的是电动驱动系统原理,电动机输出的高转速通过减速器转换成低转速大扭矩,作用在关节上,带动机器人的连杆运动。机器人传动系统中减速器常采用的形式是RV减速器和谐波减速器。图1-37所示为谐波减速器,谐波减速器一般由波发生器、柔性齿轮、柔性轴承、刚性齿轮四个部分组成。

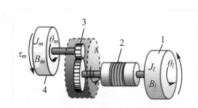
图1-36 电动驱动系统原理
1—关节;2—阻尼系统;3—减速器;4—电动机

图1-37 谐波减速器

2)机械系统

工业机器人的机械系统由机身、手臂、末端执行器三大部分组成,每一部分都有若干自由度,构成一个多自由度的机械系统。若机身具备移动机构,则变成移动基座机器人;若机身不具备移动机构,则称为固定基座机器人。手臂一般由大臂、小臂和手腕组成。手臂通过关节的运动使末端执行器进行预定的运动或达到预定的位置,手臂结构决定了机器人在空间运动的灵活性。末端执行器是装在机器人手腕上的一个重要部件,它可以是两手指或多手指的手爪,也可以是喷枪、焊枪等作业工具。

3)感知系统

机器人的感知系统也就是机器人的传感器系统,机器人的传感器按照功能可分为内部传感器和外部传感器。内部传感器用来检测机器人自身状态(内部信息)的机器人传感器,如位移、速度、加速度传感器等,内部传感器的目的是通过运动参数的控制让机器人精确的达到指定位置;外部传感器用来感知外部世界、检测作业对象与作业环境状态的机器人传感器,如视觉、听觉、触觉、力觉等,外部传感器赋予机器人一定的智能。

4)控制系统

机器人的控制系统即机器人的大脑,其根本任务是根据机器人的作业指令以及从传感器采集的信息,来控制机器人本体完成规定的运动和功能。根据是否具备反馈功能,机器人的操作系统又分为开环控制系统和闭环控制系统。

机器人的控制系统包括硬件和软件两部分。工业机器人控制系统的硬件结构就是控制器。目前机器人控制器多采用计算能力较强的 ARM 系列、DSP 系列、POWERPC 系列、Intel 系列等芯片组成。为实现对机器人的控制,除了具有强有力的计算机硬件系统支持外,还必须有相应系统软件。通过系统软件的支持,通过机器人可以识别的编程语言把人与机器人联系起来,从而让机器人完成某一具体任务。机器人的编程语言既可以通过人机交互设备输入,也可以是声音、动作等多种形式。

5)人机交互系统

人机交互系统是使操作人员参与机器人控制并与机器人进行联系的装置,例如计算机的显示器、键盘、机器人的示教器、打印机、网络接口等输入/输出设备。示教器是工业机器人中的重要人机交互设备,用于示教机器人时手动引导机器人及在线作业编程。目前的示教器一般具备手动操纵、程序编写、参数配置以及监控机器人状态等功能。

6)机器人-环境交互系统

机器人-环境交互系统是实现机器人与外部环境中的设备相互联系和协调的系统。机器人可与外部设备集成为一个功能单元,如加工制造单元、焊接单元、装配单元等。当然,也可以是多台机器人、多台机床或设备及多个零件存储装置等集成为一个执行复杂任务的功能单元。

2. 机器人的工作原理

机器人要想完成具体的作业任务,必须是六大系统的综合作用。如图 1-38 所示的视觉分拣工作站示意,工作站具体工作流程:设备启动→工件由来料系统(传送带)输送到工作站→视觉相机在指定位置识别工件→信号反馈给机器人→机器人快速抓取物料→机器人抓取物料到料库(载具平台)进行顺序码垛→重复之前动作。机器人在完成分拣这一任务过程中,工作原理如下:

（1）工作人员通过示教点对机器人进行引导，将机器人从原点位置移动到传送带上工件停留位置，抓取工件后，放到料库平台上进行码垛。在示教引导过程中，机器人控制器自动记忆示教的每个动作的姿态、位置、工艺参数、运动参数等信息，并生成一个连续执行的程序。由于该分拣工作有三种不同的物料要分类码垛，所以在示教过程中就有三条作业路径。

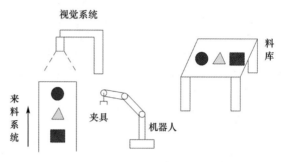

图 1-38　视觉分拣工作站示意

（2）示教完成之后，当机器人接收到启动命令后，机器人将会按照示教程序，准备执行示教动作。

（3）机器人的控制器接收到工作人员的作业指令后，首先，分析指令、解释指令，确定机器人各个关节的运动参数。然后，根据示教点确定的轨迹特征，控制器进行机器人运动学的插补运算，求出插补点的位姿值。根据机器人逆运动学原理，对应于插补点位姿的全部关节角；以求出的关节角为相应关节位置控制系统的设定值，分别控制 n 个关节驱动电动机。最后，这些参数经过通信线路输出到伺服控制极，作为各个关节伺服控制系统的给定信号。控制各个关节产生协调运动。

（4）在机器人的执行过程中，内部传感器将各个关节的运动输出信号反馈回伺服控制器形成局部闭环控制，达到精确控制机器人空间运动的目的。外部传感器，如视觉传感器，采集来料的具体信息，反馈给机器人控制系统，机器人以此来确定抓取的位置和码垛的轨迹。

1.3　机器人技术基础

机器人学科，是一个由机械、自动化、计算机、人工智能等学科交叉融合的新兴学科。机器人技术的研究包括机器人本体、机器人运动、机器人控制、机器人编程与仿真技术、机器感知、机器人语言、决策与规划等内容。

1.3.1　机器人本体

1. 机器人本体的结构设计

组成机器人的连杆和关节按功能可以分成两类：一类是组成手臂的长连杆，也称臂杆,其产生主运动,是机器人的位置机构;另一类是组成手腕的短连杆,它实际上是一组位于臂杆端部的关节组,是机器人的姿态机构,确定了手部执行器在空间的方向。

机器人本体基本结构的特点主要可归纳为以下四点:

(1)一般可以简化成各连杆首尾相接、末端无约束的开式连杆系,连杆系末端自由且无支撑,这决定了机器人的结构刚度不高,并随连杆系在空间位姿的变化而变化。

(2)开式连杆系中的每根连杆都具有独立的驱动器,属于主动连杆系,连杆的运动各自独立,不同连杆的运动之间没有依从关系,运动灵活。

(3)连杆驱动扭矩的瞬态过程在时域中的变化非常复杂,且和执行器反馈信号有关。连杆的驱动属于伺服控制型,因而对机械传动系统的刚度、间隙和运动精度都有较高的要求。

(4)连杆系的受力状态、刚度条件和动态性能都是随位姿的变化而变化的,因此极容易发生振动或出现其他不稳定现象。

综合以上特点可见,合理的机器人本体结构应当使其机械系统的工作负载与自重的比值尽可能大,结构的静动态刚度尽可能高,并尽量提高系统的固有频率和改善系统的动态性能。

小臂杆质量小有利于改善机器人操作的动态性能。结构静、动态刚度高有利于提高手臂端点的定位精度和对编程轨迹的跟踪精度,这在离线编程时是至关重要的。刚度高还可以降低对控制系统的要求和系统造价。机器人具有较好的刚度还可以增加机械系统设计的灵活性,比如在选择传感器安装位置时,刚度高的结构允许传感器放在离执行器较远的位置上,减少了设计方面的限制。

2. 机器人本体材料的选择

工程材料的选择均应满足强度、刚度、稳定性的要求,同时满足经济合理的原则。机器人本体材料应从机器人的性能要求出发,满足机器人的设计和制作要求。工业机器人的关节式结构决定了机器人的结构刚度不高,并且随着机器人的运动,会产生惯性力和惯性力矩,控制振动也是要考虑的问题。

机器人材料选择的基本要求:

①强度高。机器人连杆承受力、力矩的作用,高强度材料不仅能满足机器臂的强度条件,也可以减小臂杆的截面尺寸,降低臂杆质量。

②弹性模量 E 大。弹性模量越大,臂杆变形越小,刚度越大。

③质量轻。机器人工作时,臂杆的变形既有静载荷作用下的受力变形,也有惯性力作用下的振动变形。质量越大,由牛顿定律可知惯性力越大,因此为了提高臂杆的刚度应选择高弹性模量、低密度的材料。

④阻尼大。一些小负载的工业机器人运行速度可以达到 5 m/s,在高速运动过程中机器人要能平稳地停下来,就必须克服由惯性力和惯性力矩产生的残余振动。因此,从提高定位精度和传动平稳性来看,采用阻尼大的材料能够更有效地吸收残余能量。

⑤经济适用。机器人常用材料有碳素结构钢、合金结构钢、铝合金、纤维增强合金、陶瓷材料等。不同材料的优势各不相同,例如碳素结构钢和合金结构钢强度高,在工业机器人中使用比较广泛。铝合金质量轻,弹性模量 E 与材料密度 ρ 的比值大。机器人本体材料的选择既要考虑力学性能,也要考虑机器人的使用环境。正确选用材料既可以降低机器人的成本,也能适应现今机器人的高速化、高载荷化及高精度化的发展需要,满足机器人静力学、动力学特性要求。

随着材料工业的发展,智能材料的出现给机器人的发展提供了宽广的空间。例如在仿生机器人中广泛采用的形状记忆合金、压电材料、光导纤维、电(磁)流变液、磁致伸缩材料和智能高分子材料等。智能材料一般由基体材料、敏感材料、驱动材料和信息处理器四部分构成。

1.3.2 机器人运动

机器人的运动学是在不考虑力的作用下,研究机器人的运动特性,即机器人的位姿、速度、加速度。机器人的运动学问题分为正问题和逆问题。

(1)运动学正问题。已知机器人杆件的几何参数和关节变量,求末端执行器相对于机座坐标系的位置和姿态。对于运动学正问题,常见的求解方法有 D-H 法和旋量理论法。D-H 法是在机器人的连杆上建立局部坐标系,通过齐次变换矩阵描述机器人末端相对于基坐标系的位置和姿态。旋量理论法基于刚体的螺旋运动思想,在全局坐标系下构造描述机器人各关节螺旋运动的单位运动旋量,利用指数积公式实现对机器人运动学正解的求取。

(2)运动学逆问题。已知机器人杆件的几何参数和末端执行器相对于机座坐标系的位姿,求机器人各关节变量。对于运动学逆问题,常见的求解方法有解析法(封闭解法)、数值解法和智能解法。

在机器人运动的过程中,要能够使机器人高速、平稳的到达指定位置,提高整个机器人系统的稳定性和可靠性,就必须对机器人的运动进行规划。机器人的运动规划是在满足机械本体结构限制和运动限制等约束条件下,在起始点和目标点之间为机器人规划出一条不与障碍物发生碰撞的运动路径。

运动规划包括路径规划和轨迹规划两个方面的内容:

(1)路径规划。路径规划通常指避障路径规划,即在障碍物空间中,为机器人规划出一条从起始点到目标点的无碰撞路径。常见的路径规划方法有基于图搜索的方法和基于采样的方法。路径规划不考虑时间维度,解决的是目标可达性的问题。

(2)轨迹规划。轨迹规划是在一定的约束下,在起始状态和终止状态之间,规划出描述机器人位姿变化情况的时间序列。机器人轨迹规划可分为关节空间轨迹规划和笛卡儿空间(直角空间)轨迹规划。轨迹规划需要考虑时间和运动参数的对应关系,解决的是时间与速度、加速度等微分约束相关的问题。

1.3.3 机器人控制

机器人控制系统的要素有人机交互设备、运动控制器、伺服驱动装置、传感器系统。机器人控制器系统各部分组成原理如图 1-39 所示。机器人控制系统主要是对机器人工作过程中的动作顺序、点的位姿、路径及轨迹、力和力矩等进行控制。控制系统中涉及传感器技术、驱动与运动控制、控制理论和控制算法。

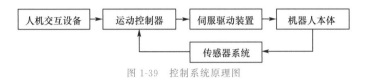

图 1-39　控制系统原理图

1. 机器人传感器技术

传感器是一种以一定的精度和规律把规定的被测量转换为与之有确定关系的、便于应用的某种物理量的器件或装置。传感器的组成如图 1-40 所示。

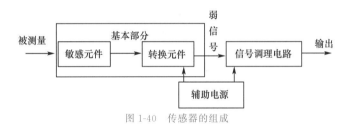

图 1-40　传感器的组成

传感器的性能指标用灵敏度、线性度、迟滞、重复性、精度、分辨率、零点漂移等参数去表示。

机器人的内部传感器主要感知与机器人自身参数相关的内部信息,如位移、速度、加速度。主要有电位器式位移传感器、编码式位移传感器、光电编码器、测速发电机等。

机器人外部传感器主要是感知机器人本体以外的环境信息,如物体的位置、颜色、形状、距离、接触力等。主要包括视觉传感器、听觉传感器、触觉传感器、力觉传感器、距离传感器、生物传感器等。视觉传感器前沿技术:高精度且超高帧速率,实时处理信息;听觉传感器核心技术:音源分离,将识别对象的声音准确从环境中分离出来;触觉传感器前沿技术:大面积化、使用场所及应用的多样化,不仅检测位置,还能检测压力、温度、表面形状;力觉传感器前沿技术:基于微机电系统(MEMS)技术的多维力觉传感器。

随着新原理、新材料和新技术的研究更加深入、广泛,一些新结构、新应用的传感器不断出现。智能化、可移动化、微型化、集成化、多样化是传感器技术的发展趋势。

2. 机器人驱动与运动控制

机器人运动控制目前广泛采用的是"PC＋专用运动控制器"的架构,图 1-41 所示,PC是控制系统上位机,对控制算法和程序进行处理,通过人机交互系统将控制算法转化为控制指令,然后发送到运动控制卡中,同时 PC 上还能查看和处理传感器的反馈信息。运动控制卡主要对控制算法进行运算,并输出信号给各个交流伺服驱动器,如脉冲信号、方向信号、加速/减速信号和限位信号的检测等,常用的运动控制卡有美国 Delta Tau 公司的 PMAC 运动控制器、瑞士 ABB 公司机器人推出的控制器 IRC5,德国的 PA 公司的 PA8000 系列控制器、中国固高科技的 GT 系列等都有着广泛的应用。

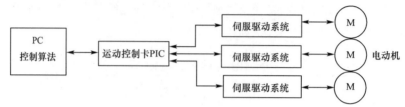

图 1-41　运动控制原理

电动机是机器人的运动执行机构。步进电动机一般用于开环控制,有精度高、无累计误差、惯性小、结构简单、启/停方便等特点。伺服电动机分为直流伺服电动机和交流伺服电动机。直流伺服电动机质量轻、体积小、启动转矩大、转速易控制。交流伺服电动机功率比直流伺服电动机更容易实现调速控制,并且输出功率高,目前在机器人系统中使用最广泛。

3. 机器人控制理论和控制算法

机器人在控制策略方面的研究很多,包括根据机器人轨迹优化目标进行控制、根据避障要求进行控制、要求双臂机器人协同控制等,总的来说机器人的控制主要是两个方面:一是末端执行器位姿的控制;二是力的控制。

在机器人的运动学中,对于关节型机器人来说,末端执行器的位姿实际上是由关节转角来控制的。运用 D-H 方法,一般可以从三个角度来控制末端执行器的位姿:

①将末端执行器的位姿转换成各关节的速度进行控制。

②将末端执行器的位姿转换成各关节的加速度进行控制。

③将末端执行器的位姿转换成各关节的力和力矩进行控制。

柔性关节机器人位置控制的方法:比例－微分＋(PD＋)控制,比例－微分＋实时重力补偿控制,都有比较好的控制效果。

在工业生产中,很多场合机器人作业时,不仅需要对机器人进行位置控制,而且需要对其进行接触力的控制。对于关节机器人的力的控制策略来说,如何处理力控制与位置控制两者之间的关系是重点。很多学者从不同的方面对多关节机器人力的控制策略进行研究,从控制策略来看可以分为四类:阻抗控制算法、力控制/位置控制混合控制算法、自适应控制算法及智能控制算法。对于智能机器人的控制,神经网络、模糊神经网络等也有应用。

1.3.4　机器人编程与仿真技术

机器人编程是使机器人完成某种任务而设置的动作程序。机器人运动和作业的指令都是由程序进行控制。机器人的编程方式根据是否直接操作机器人分为示教编程和离线编程。示教编程就是操作人员拿着示教器现场对机器人进行示教操作,新建程序,输入编程指令。表 1-3 是安川机器人常用的编程指令。

表 1-3　　　　　　　　　　　安川机器人常用的编程指令

序号	命令种类	功能	常用命令
1	移动命令	与移动和速度相关的命令	MOVJ、MOVL
2	输入/输出命令	执行输入/输出控制的命令	DOUT、WAIT
3	控制命令	执行处理和作业控制的命令	JUMP、TIMER
4	运算命令	使用变量等进行运算的命令	ADD、SET
5	平移命令	平行移动当前示教位置时使用的命令	SFTON、SFTOF
6	作业命令	与作业有关的命令	ARCON、WVON

离线编程是采用仿真软件进行编程。机器人离线编程的主要步骤如下：

①建立机器人及作业环境的三维几何模型。

②对机器人所要完成的任务进行离线规划和编程,并对编程结果进行动态图形仿真。

③将满足要求的编程结果传到机器人控制柜,使机器人完成指定的作业任务。

机器人的离线编程与仿真可以利用 Matlab、VRML－JAVA、3Ds MAX 以及 Visual C＋＋和 OpenGL 等平台实现,数字化企业的互动制造应用软件 DELMIA 以及机器人制造厂商的离线编程软件,例如安川公司的 Motosim、ABB 公司的 RobotStudio 等都是比较常用的离线编程与仿真软件。

机器人示教编程的优点：

①不需要环境建模。

②对实际机器人进行示教时,可以修正结构误差。

机器人示教编程的缺点：

①示教编程过程烦琐、效率低。

②精度完全是靠示教操作人员的目测决定。对于复杂的路径示教来说,编程难以取得令人满意的效果。

离线编程的优点：

①减少机器人的停机时间。

②使编程人员远离危险的工作环境。

③适用范围广,可对各种机器人进行编程,并能方便地实现优化编程。

④可对复杂任务进行编程。

⑤便于修改机器人程序。

离线编程的缺点：

①存在模型误差。

②存在装配误差。

③存在精度误差。

1.4 机器人产业

1.4.1 中国机器人产业概况

2018 年至今,中国机器人市场每年为全球贡献了 40% 左右的份额,连续多年稳坐世界最大机器人消费国地位。持续高涨的应用市场需求,有力拉动了机器人产业的技术创新、产品研发、系统集成、人才培育及公共服务体系建设,为中国机器人产业发展营造良好的生态环境。

据统计,2021 年全球机器人市场规模达 335.8 亿美元,2016—2021 年的平均增长率约为 11.5%。2021 年,中国机器人市场规模达 839 亿元,其中工业机器人 445.7 亿元,服务机器人 302.6 亿元,特种机器人 90.7 亿元。2016—2021 年中国工业机器人及服务机器人的销售额及增长率分别如图 1-42、图 1-43 所示。

图 1-42 2016—2021 年中国工业机器人的销
售额及增长率

图 1-43 2016—2021 年中国服务机器人的
销售额及增长率

1.4.2 中国机器人产业发展方向

机器人产业链包括三大结构,分别是上游提供技术研发、零部件和原材料的机器人研发和零部件供应商,中游生产机器人本体(包括工业机器人本体、服务机器人本体)的机器人制造商,下游提供解决方案的机器人系统集成商。

近年来,中国在发展机器人产业进程中,引进了大量像日本发那科、安川电动机,瑞士 ABB 这样的世界龙头企业入驻,有力地促进了中国机器人产业的发展,使机器人产业的发展速度成为世界第一,但在机器人在快速发展态势下也有一些急需解决的问题。例如国产品牌机器人市场占有率低、机器人系统集成商企业规模小,良莠不齐等。归纳中国机器人产业趋势特征与潜在问题。在今后发展过程中,必须通过明确发展定位目标,加快自主创新步伐,推广重点领域的应用普及,加速成果转移转化、标准制定、评测认证等公共服务发展,拓宽投/融资并加快人才培育,搭建开放式共享平台等系列措施来促进机器人产业高质量可持续发展。

（1）加快自主创新步伐，提高国有品牌市场占有率

在中国机器人产业发展初期，国外机器人在中国市场份额占比较大，国有品牌市场占有率较低。中国在机器人产业发展过程中，必须加快机器人自主创新步伐，发挥重点科研平台和技术研发平台的驱动作用，推进核心零部件，如高精度减速器、高性能伺服电动机和驱动器、控制器等关键零部件的研发和生产，提升本土企业的自主创新能力和核心竞争力。

（2）结合新一代信息技术，拓宽机器人应用领域

随着人工智能、云计算、5G、传感器等新一代信息技术的发展，信息技术与机器人技术融合是机器人未来产品的发展方向。面对越发复杂和多样化的使用场景，应持续开展机器人在细分行业的推广应用。推进工业机器人与工业互联网的融合发展，大力开发协作机器人，更有利于机器人在复杂工业场景中的推广应用。在服务机器人方面，进一步推广在涉及人们衣食住行各方面公共服务环境中的问答机器人、引导机器人的应用。

（3）搭建开放式共享平台，促进行业资源的整合

针对机器人产业在发展中遇到的问题，推出成立机器人应用为主体的平台服务公司，解决和完善供货商，系统集成商，应用企业之间的需求和沟通机制，实施资源共享。图 1-44 是一种以政府采购－租赁推动机器人产业发展的新模式。该模式转变了传统的政府对企业资金扶持的方式，从加大机器人市场规模，减少机器人应用成本，加速国产机器人核心技术研发角度出发，政府直接从生产商采购机器人，以低成本租赁给自动化改造企业，加速企业制造业升级。该模式改变了政府靠"输血"来拯救企业发展的传统模式，转而用"造血"的方式支持企业技术改造。激发了企业改革创新的动力，从源头上加速机器人的应用。

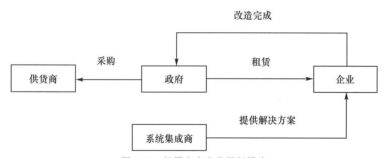

图 1-44　机器人产业发展新模式

练习题

1. 简述机器人的定义。

2. 工业机器人与数控机床的联系和区别。

3. 机器人的组成包含几个系统，各系统之间的关系。

哲思课堂

机器人涉及机械、自动化、计算机、人工智能等多学科知识,是国家科技发展水平的重要标志。随着科技的进步和创新的推动,机器人逐渐成为社会中的重要组成部分。2019年之后,我国已经连续多年成为全球最大机器人市场,成为全球智能制造的领军者。

机器人的应用和发展是推动我国智能制造产业进步的关键因素。随着5G、大数据、云计算等新兴信息技术的发展,未来机器人将实现高精度制造、高品质生产,并能够自主感知和决策,提高生产效率、减少人力资源投入。

机器人将在未来带来巨大的变革和影响。机器人的发展不光对制造业影响深远,也在各个方面改善人们的生活方式。

第 2 章

机器人的本体

微课2

本章任务

本章任务

1. 熟悉机器人上肢的机构组成。
2. 了解机器人关节的典型机械机构。
3. 掌握机器人电源系统及驱动机构的基本原理。
4. 认识机器人传感器的分类及组成。

机器人本体结构是机体结构和机械传动系统,也是机器人的支撑基础和执行机构。机器人本体的结构特点有:机器人本体可以简化成各连杆首尾相连、末端开放的一个开式运动链;机器人本体的结构刚度差,并随空间位置的变化而变化;机器人本体的每个连杆都具有独立的驱动器,连杆的运动各自独立,运动更为灵活;一般连杆机构有 1～2 个原动件,各连杆间的运动是相互约束的;连杆驱动扭矩变化复杂,与执行件位置相关。中国对机器人本体的突破在于打通上、下游产业链,打破高精度减速机、控制器的国外垄断局面,实现完全技术自主化。

本章介绍机器人的各个部分,从听声音、做动作、交谈、爬楼梯、拿东西,到感知不同的情况,如热、烟、光等,以及机器人的自主思考、学习等。

2.1 机器人的机械部分

机械系统是机器人实现操作对象、移动自身功能的基本手段。机器人的操作手应该像人的手臂那样,能把抓持工具的手依次伸到预定的操作位置,并保持相应的姿态,完成给定的操作;或者能以一定速度,沿预定空间曲线移动并保持手的姿态,在运动过程中完成预定的操作。操作手在结构上也类似于人的臂,可以把手伸到空间的任一位置。机器人用腕转动手,以保持任意预定姿态。其手可以抓取或安装所用的工具。关于机器人移动功能,它应能移动到给定位置,并保持预定方位及姿势。为此,它应能实现前进、后退及各方向的转弯等基本移动方式。在结构上它可以具有二足、四足或六足等步行机构,也可以采用轮或履带结构。

机器人的执行系统由传动部件与机械构件组成,主要包括上肢、下肢和机身三部分,其中每一部分都可以具有若干自由度。若机身具备行走机构,便称为移动机器人;若机器人具有完全类似于人的躯体(头部、双臂、双腿、身体等执行机构),则称为仿人机器人;各种仿生机器人具有类似被模仿生物对象的执行结构特点,若机身不具备行走能力,则称为机器人操作臂(Robot Manipulator)。由于不同类型的机器人所需要的机械结构及部件不同,本节仅仅对一些常见的机械结构做出介绍。

2.1.1 机器人臂部

机器人臂部(简称机械臂)是机器人的主要执行部件,如图 2-1 所示,其作用是支撑手部和腕部,并改变手部在空间的位置。机器人臂部一般具有多个自由度,即伸缩、回转、俯仰或升降等。机器人臂部的结构形式必须根据机器人的运动形式、抓取质量、动作自由度、运动精度、受力情况、驱动单元的布置、线缆的布置与手腕的连接形式等因素来确定,其总质量较大,受力较复杂,运动部分零部件的质量直接影响臂结构的刚度和强度。因此设计臂部时一般要满足下述要求:

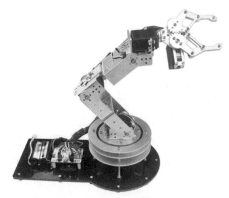

图 2-1　常见机械臂

(1)刚度要大。为防止臂部在运动过程中产生过大的变形,手臂截面形状的选择要合理。

(2)导向性要好。为防止手臂在直线运动中沿运动轴线发生相对转动,应设置导向装置或设计方形、花键等形式的臂杆。

(3)偏重力矩要小。要尽量减小臂部运动部分的质量,以减小偏重力矩和整个手臂对回转轴的转动惯量和臂部的重力对其支撑回转轴所产生的静力矩。

机器人手臂的构型是非常重要的,合理的构型设计不仅可以减小空间的占用,还能够减小系统质量,降低系统的复杂程度,提高系统的可靠性。机器人手臂的构型设计主要由关节自由度配置和关节间连接部件尺寸两个方面来决定。自由度越多,结构则越复杂。

1. 机器人手臂的运动学、动力学分析

机器人手臂由大臂、小臂(或多臂)组成,其作用是连接机身和腕部,实现操作机在空间的运动。手臂的驱动方式主要有液压驱动、气压驱动和电气驱动,其中电气驱动(简称电动形式)最为通用。

当行程较小时,常用气缸直接驱动;当行程较大时,可采用步进电动机或伺服电动机驱动,也可采用丝杠螺母或滚珠丝杠传动。为增加手臂的刚性,防止手臂在伸缩运动时绕轴线转动或产生变形,臂部伸缩机构需要设置导向装置或设计方形、花键等形式的臂杆。常用的导向装置有单导向杆和双导向杆,可根据手臂的结构、抓重等因素选取。

腕部用来连接操作机手臂和末端执行器,起支撑手部和改变手部姿态的作用。对于一般的机器人来说,与手部相连的手腕都具有独驱自转的功能,若手腕能在空间任取方位,那么与之相连的手部就可以在空间任取姿态,即达到完全灵活。

从驱动方式看,手腕一般有两种形式,即直接驱动和远程驱动,腕部关节如图 2-2 所示。直接驱动是指驱动器安装在手腕运动关节的附近,直接驱动关节运动,因而传动路线短,传动刚度好,但腕部的尺寸和质量大,惯量大。远程驱动方式的驱动器安装在机器人的大臂、基座或小臂远端上,通过连杆、链条或其他传动机构间接驱动腕部关节运动,因而手腕的结构紧凑、尺寸和质量小,对改善机器人整体动态性能有好处,但传动设计复杂,传动刚度也降低了。

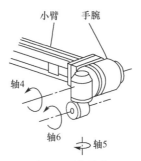

图 2-2 腕部关节

按转动特点的不同,用于手腕关节的转动又可细分为滚转和弯转两种。滚转是指组成关节的两个零件自身的几何回转中心和相对运动的回转轴线重合,因而能实现360°无障碍旋转的关节运动,通常用 R 来标记。弯转是指两个零件的几何回转中心和其相对转动轴线垂直的关节运动。由于受到结构的限制,其相对转动角度一般小于360°。弯转通常用 B 来标记。

腕部设计要注意的问题如下:

(1)结构紧凑,质量轻。

(2)动作灵活、平稳,定位精度高。

(3)强度、刚度高。

(4)合理设计腕部与臂部、手部的连接部分,以及传感器、驱动装置的布局和安装。

机器人的手部作为末端执行器是完成抓握工件或者执行特定作业的重要部件,也需要有多种结构,如图 2-3 所示。手部与手腕处有机械接口,也可能有电、气、液接头。机器人的手部可以像人手那样具有手指,也可不具备手指;可以是类人的手爪,也可以是进行专业作业的工具,例如装在机器人手腕上的刀具、喷漆枪等。一般的机器人手部的通用性都比较差,通常都是专用的装置。手部是完成一系列动作的关键部件之一,常用的手部按其握持原理可以分为夹持类、吸附类和仿人类。

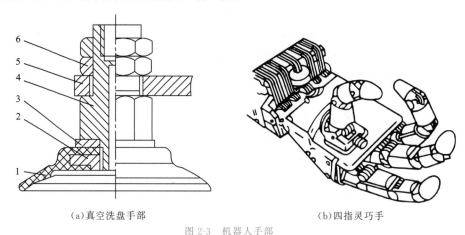

(a)真空洗盘手部   (b)四指灵巧手

图 2-3　机器人手部

1—橡胶吸盘;2—固定环;3—垫片;4—支撑杆;5—螺母;6—基板

2.1.2 机器人关节

传动装置用来连接驱动部分与执行部分,将驱动部分的运动形式、运动及动力参数转变为执行部分所需要的运动形式、运动及动力参数。例如把旋转运动变换为直线运动、高转速变为低转速、小转矩变为大转矩。

机器人机械上常用的传动部件有齿轮、带、链、连杆、齿轮齿条、丝杠、蜗轮蜗杆、谐波齿轮、凸轮等。

1. 齿轮传动

齿轮是能互相啮合的有齿的机械零件,齿轮传动是以齿轮的齿互相啮合来传递动力的机械传动。其圆周速度可达 300 km/s,传递功率可达 1×10^5 kW,是现代机械中应用最广的一种机械传动。按其传动方式可分为平面齿轮传动和空间齿轮传动。齿轮传动具有传递动力大、效率高、寿命长、工作平稳、可靠性高、能保持恒定的传动比等优点,但其制作和安装精度要求较高,不易实现远距离传动。

2. 带传动

利用紧套在带轮上的挠性环形带与带轮间的摩擦力来传递动力和运动的机械传动。按工作原理可以分为摩擦型和啮合型两种。

摩擦型带传送由主动轮、从动轮和张紧在两轮上的环形传送带组成。带在静止时受预拉力的作用,在带与带轮接触面间产生正压力。当主动轮转动时,靠带与主、从动带轮接触面间的摩擦力,拖动从动轮转动,实现传动。

啮合型带传动靠带齿与轮齿之间的啮合实现传动,相比于摩擦型带传动,其优点是无相对滑动使圆周速度同步。

3. 链传动

链传动是由两个具有特殊齿形的链轮和一条挠性的闭合链条所组成的,依靠链和链轮轮齿的啮合而传动。其特点是可以在传动大扭矩时避免打滑,但传递当角矩大于额定扭矩时,如果链条卡住可能会损坏电动机。链传动主要用于传动速比准确或者两轴相距较远的场合。

4. 连杆传动

连杆传动是利用连杆机构传动动力的机械传动方式,在所有的传动方式中连杆传动功能最多,可以将旋转运动转化为直线运动、往复运动或指定轨迹运动,甚至还可以指定经过轨迹上某点时的速度。连杆传动需要非常巧妙的设计,按照连架杆类型可分为曲柄式和拔叉式两种。

5. 齿轮齿条装置

通常齿条是固定不动的;当齿轮转动时,带动齿轮轴连同拖板沿齿条方向做直线运动。这样,齿轮的旋转运动就转换成拖板的直线运动,该装置的回差较大。

6. 丝杠传动

普通丝杠传动由一个旋转的精密丝杠驱动一个螺母沿丝杠轴向移动。当滑动摩擦力大、低速时易产生爬行现象,且回差大。通过在丝杠螺母的螺旋槽里放置许多滚珠,演变成滚珠丝杠。滚珠具有摩擦小、运动平稳、双螺母预紧去回差的作用。

7. 蜗轮蜗杆传动

蜗轮蜗杆传动机械是指用来传递空间互相垂直而不相交的两轴间的运动和动力的传动机构。其特点是:传动比大,传动力矩大;结构紧缩,传动平稳;有自锁性能,能够获得很大的减速比。蜗轮旋转一圈,驱动蜗杆旋转一个齿。运动只能由蜗杆传递到蜗轮而不能反过来,这种单向传动的特性一般也称为自锁,即当外力想驱使蜗轮转动时,会被蜗杆锁住而无法转动。

8. 谐波齿轮传动

谐波齿轮传动机构由刚性齿轮、谐波发生器和柔性齿轮三个主要零件组成。刚性齿轮固定安装,柔性齿轮沿刚性齿轮的内齿转动。柔性齿轮比刚性齿轮少两个齿,所以柔性齿轮沿刚性齿轮每转一圈就反方向转过两个齿的相应转角。谐波发生器具有椭圆形轮廓,装在谐波发生器上的滚珠用于支撑柔性齿轮,谐波发生器驱动柔性齿轮旋转并使之发生塑性变形。转动时,柔性齿轮的椭圆形端部只有少数齿与刚性齿轮啮合,只有这样,柔性齿轮才能相对于刚性齿轮转过一定的角度。

9. 凸轮传动

重复完成简单动作的搬运机器人中广泛采用连杆与凸轮机构,例如,从某位置抓取物体放在另一位置上的作业。凸轮一般分为外凸轮、内凸轮和圆柱凸轮三种。

机器人的机械构造除了每个关节构成传动装置外,还有一些特殊的机械部件完成相应的功能,例如联轴器、制动器、减速器和离合器等。

（1）联轴器

联轴器是用来连接不同机构中两根轴(主动轴和从动轴)使之共同旋转以传递扭矩的机械部件。广义的联轴器还包括胀套、万向节等,其连接形式也扩展到轴和孔连接、轴和

法兰连接、法兰和法兰连接、法兰和孔连接等。选择联轴器类型时,应考虑以下因素:

①所需要传递转矩的大小和性质,对缓冲、减振功能的要求以及是否可能发生共振等。

②由制造和装配误差、轴受载和热膨胀变形以及部件之间的相对运动等引起两轴轴线的相对位移程度。

③外形尺寸和安装方法。

此外,还应考虑工作环境、使用寿命、润滑和密封以及经济性等条件,再参考各类联轴器特性,最终选择一种合适的联轴器类型。

(2)制动器

许多机器人的机械臂都需要在各关节处安装制动器,其作用是,在机器人停止工作时保持机械臂的位置不变;在电源发生故障时,保护机械臂和它周围的物体不发生碰撞。制动器通常是按照失效抱闸方式工作的,即要放松制动器就必须接通电源,否则,各关节不能产生相对运动。它的主要目的是在电源出现故障时起保护作用。其缺点是在工作期间需要不断消耗电力使制动器放松。

(3)减速器

减速器是一种由封闭在刚性壳体内的齿轮传动、蜗杆传动或齿轮-蜗杆传动所组成的独立部件,常用在工作机和动力机之间作为减速的传动装置。按传动类型分,有圆柱齿轮减速器、圆锥齿轮减速器、蜗杆减速器和行星齿轮减速器等。其中少齿差行星齿轮减速器、摆线针轮行星减速器和谐波传动减速器的结构紧凑,可实现较大的传动比。此外还有将电动机和减速箱体装成一体的减速器。

(4)离合器

离合器是一种在机器运转过程中,可使两轴随时接合或分离的装置,主要是用来操纵机器人传动系统的断续,以便进行变速和换向。对其基本要求包括:接合平稳,分离迅速而彻底;调节和修理方便;外廓尺寸小;质量小;耐磨性好,有足够的散热力;操作方便省力。常用的离合器分为牙嵌式与摩擦式两类。

2.2 机器人的电源系统及驱动机构

2.2.1 机器人的电源系统

机器人的电源系统是为机器人上所有的控制系统、驱动系统及执行系统提供能源的部分。通常小型或微型机器人采用直流电作为电源,本节重点介绍直流稳压电源及电源充电装置。

为了得到稳定的直流电压,必须采用稳压电路来实现稳压。根据调整管的工作状态,常把稳压电源分成线性稳压电源和开关稳压电源两类。

(1)线性稳压电路

线性稳压电源是指调整管工作在线性状态下的稳压电源。而在开关电源中则不一样,开关管是工作在开、关两种状态下的。开状态时电阻很小,关状态时电阻很大。

线性稳压电源是比较早使用的一类直流稳压电源。线性稳压直流电源的特点是,输出电压比输入电压低;反应速度快,输出纹波较小;工作产生的噪声低;效率较低;发热量较大。线性稳压电源主要是针对开关电源来说的,指的是使用在其线性区域内运行的晶体管或场效应晶体管来进行稳压的电源。它从输入电压中减去超额的电压,产生经过调节的输出电压。

如图 2-4 所示,可变电阻 R_W 与负载电阻 R_L 组成一个分压电路,输出电压为

$$U_{\circ} = \frac{R_L}{R_W + R_L} U_i \tag{2-1}$$

因此通过调节 R_W 的大小,即可改变输出电压的大小。在式(2-1)中,如果只看可变电阻 R_W 的值变化,$U_{\circ}$ 的输出并不是线性的,但如果将 R_W 和 R_L 合并一起考虑,则 $U_{\circ}$ 的输出是线性的。

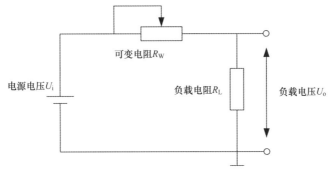

图 2-4　线性电源基本原理

用一个晶体管或者场效应晶体管,来代替图 2-4 中的可变电阻器,并通过检测输出电压的大小,来控制这个"变阻器"阻值的大小,使输出电压保持恒定,这样就实现了稳压的目的。这个晶体管或者场效应晶体管是用来调整电压输出大小的,我们称之为调整管,调整管相当于一个电阻,电流流过电阻时会发热,因此工作在线性状态下的调整管,一般会产生大量的热量,导致效率不高。这是线性稳压电源最主要的一个缺点。

调整管串联在电源与负载之间,因此该电源称为串联型稳压电源。相应地,还有并联型稳压电源,就是将调整管与负载并联来调整输出电压大小,典型的基准稳压器 TL431 就是一种并联型稳压器。

一般情况下,线性稳压电源由调整管、基准电压、采样电路、比较放大器等组成。另外,部分线性电源还可能包括保护电路、启动电路等部分。图 2-5 所示是一个比较简单的线性稳压电路,采样电阻通过采样输出电压,并与基准电压比较,比较结果由误差放大电路放大后,控制调整管的导通程度,使输出电压保持稳定。

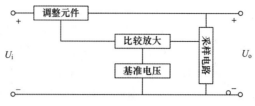

图 2-5　线性稳压电路

（2）开关稳压电源

开关稳压电源是利用现代电力电子技术控制开关晶体管导通和关断的时间比率，维持稳定输出电压的一种电源。开关电源一般采取脉冲宽度调制（PWM）控制来实现。开关电源和线性电源相比，通常具有较高的输入/输出压差、效率高（满载效率通常可在75％以上，甚至可达 95％～97％）、体积小等优势。但是，由于开关电源是依靠开关晶体管不断导通和关断的原理工作的，因此其电源品质和瞬态响应特性不如线性电源，有电磁辐射等线性电源所没有的缺点。

开关电源可分为 AC-DC 和 DC-DC 两大类，DC-DC 变换器现已实现模块化，且设计技术及生产工艺在国内外均已成熟和标准化，并已得到用户的认可，但 AC-DC 的模块化，因其自身的特性使得在模块化的进程中，会遇到较为复杂的技术和工艺制造问题。

下面以 DC-DC 类开关电源为例进行说明，如图 2-6 所示，电路由开关 K（实际电路中为晶体管或者场效应晶体管），续流二极管 VD、储能电感 L 和滤波电容 C 等构成。

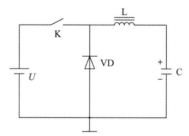

图 2-6　开关电源的基本原理

当开关闭合时，电源给负载供电，并将部分电能存储在电感 L 以及电容 C 中。由于电感 L 的自感，在开关接通后，电流增大得比较缓慢，即输出不能立刻达到电源电压值。一段时间后，开关断开，由于电感 L 的自感作用，将保持电路中的电流不变，即从左往右继续流通。电流流过负载，从地线返回，流到续流二极管 VD 的正极，经过二极管 VD，返回电感 L 的左端，从而形成了一个回路。通过控制开关闭合与断开的时间（脉冲宽度调制），就可以控制输出电压。如果通过检测输出电压来控制开、关的时间，以保持输出电压不变，就实现了稳压的目的。

在开关闭合期间，电感存储能量；在开关断开期间，电感释放能量，所以电感 L 叫作储能电感。二极管 VD 在开关断开期间，负责给电感 L 提供电流通路，所以二极管 VD 叫作续流二极管。在实际的开关电源中，开关 K 由晶体管或场效应晶体管代替。当开关断开时，电流很小；当开关闭合时，电压很小，所以发热功率 UI 就会很小，这就是开关电源效率高的原因。

开关电源在输入抗干扰性能上,由于其自身电路结构的特点(多级串联),一般的输入干扰如浪涌电压很难通过,在输出电压稳定度这一技术指标上与线性电源相比具有较大的优势,其输出电压稳定度可达 0.5%~1.0%。开关电源模块作为一种电力电子集成器件,在选用中应注意以下几点:

①因开关电源工作效率高,一般可在 80% 以上,故在其输出电流的选择上,应准确测量或计算用电设备的最大吸收电流,使得被选用的开关电源具有较高的性价比。

②开关电源比线性电源会产生更多的干扰,对共模干扰敏感的用电设备,应采取接地和屏蔽措施。此外,开关电源一般应带有 EMC 电磁兼容滤波器,使其满足电磁兼容的要求。

③开关电源在设计中必须具有过电流、过热和短路等保护功能,故在设计时应首选保护功能齐备的开关电源模块,并且其保护电路的技术参数应与用电设备的工作特性相匹配。

开关电源的发展方向是高频、高可靠性、低功耗、低噪声和模块化。开关电源的高频化必然会对传统的 PWM 开关技术进行创新,实现零电压开关(ZVS)、零电流开关(ZCS)的软开关技术已成为开关电源的主流技术,并大幅提高了开关电源的工作效率。对于高可靠性指标,部分开关电源生产商通过降低运行电流、降低结温等措施来减小器件的损耗,使得产品的可靠性大大提高。

(3)充电装置

电池充电装置总体可分为两个部分,即电源部分和充电器部分。电源按稳压对象可分为直流稳压电源和交流稳压电源。直流稳压电源输出电压为直流量,交流稳压电源输出电压为交流量,这两种电源均采用交流供电。由于对电池充电需要的是直流电压,因此电源的输出电压应为直流,即选用的电源为直流稳压电源。直流稳压电源一般由整流、滤波和稳压三个电路部分组成,如图 2-7 所示。

①整流——将交流电转换成脉动直流电。

②滤波——将脉动直流电转换为平滑直流电。

③稳压——稳定直流电压。

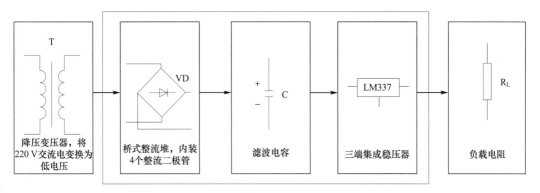

图 2-7　直流稳压电源的结构

电池充电器是伴随着充电电池的发展而发展的,目前电池充电器多采用专用充电IC,其优势主要表现在以下几个方面:

①外部电路简单,适合批量生产。

②价格便宜。

③有多种充电保护功能。

④有些充电IC具备编程功能,适合多种电池的充电需求。

由于不同的充电IC有不同的外部电路设计方法,并且设计出来的电路对电池充电的时间、控制方式和电池数量等参数都有所不同,因此在设计充电的电路前,需要先对充电器专用控制芯片进行比较和选择。

目前,主流的化学电池(如镍铬电池、镍氢电池、铅酸蓄电池、锂电池等)充电大多是基于预充电、快速充电、补充充电、涓流充电四个阶段原理进行的。

①初始化

充电器在此阶段对自身进行初始化和自检。充电器在对电池充电时可能会由于电源故障而中断,接着重新初始化。大多数充电器在一次电源故障后,会进行一次完全的初始化。如果电池不允许过充电,则充电器可以执行自检程序(如检查电池温度)以确定电池是否已经充过电。

②预充电阶段(可选项)

部分充电器(主要针对镍锡电池)包括一个可选择的预充电阶段。在预充电阶段,电池在充电前需要进行完的放电,使电池的电压降低到1 V以下,以消除电极中的结晶组织,从而防止电池因记忆效应而降低电池使用时间的问题。

在每次充电前,通过负载测试指示电池的容量尚余一半以上时可以进行预处理,预处理时间为1～10 h。但通常也不推荐在1 h以内将电池的电放完,快速放电会增加负载电阻散热的困难。但通常也不推荐大于10 h的预处理时间。除非当检测到镍锡电池具有与记忆效应相混淆的容量降低时,可人工启动大于10 h的预处理,故系统设计者应避免在充电器上设置初始化按钮以防止这种操作。

③快速充电及终止

具体电池所采用的快速充电及终止方法取决于电池的化学机理和其他的设计因素。

镍铬电池和镍氢电池的充电过程相似,差别主要在快速充电的终止检测方法上。在每种情况下,充电器对电池进行恒流充电,同时监测电池的电压和其他参数以决定何时终止充电。在恒流方式充电时,电池电压会缓慢地上升到一个峰值,镍氢电池的充电须在这个峰值点终止,而镍铬电池的充电则须在峰值点后当电池第一次下降了$-\Delta V$的某个点终止,如果在电池充电终止之后继续对电池进行充电,则可能会损坏电池。

锂电池的充电方法不同于镍铬电池,它采用顶点截止法充电以保证安全地将最多的能量存储在电池中。锂电池充电器提供一个稳定精度超过0.75%的充电电压,最大充电速率由充电器的电流极限范围确定,与实验室用的稳压电源很相似。当快速充电开始的时候,电池电压较低,充电电流即充电器电流极限;随着充电的继续进行,电池电压缓慢上升;最终当每节电池的电压接近浮空电压值 4.2 V 时,充电电流快速下滑;当电池电压达到浮空电压时,充电器即可终止充电。

铅酸蓄电池一般采用限流法或者限压法进行快速充电,直到充电电流降低到最小值时终止快速充电,转入浮充状态对电池充电。当温度升高时,铅酸蓄电池的快充电流以每升高 1 ℃降低 0.3% 的速率降低。铅酸电池快充的最高推荐温度为 50 ℃,但浮充不受这一温度的限制。

④涓流充电

涓流充电用来弥补电池在充满电后由于自放电而造成的容量损失,一般采取连续小电流充电的方式来实现上述目的。铅酸蓄电池自放电的速度最高(每天有几个百分点的自放电),锂离子电池的自放电速度最低,因此一般不需要对锂离子电池进行涓流充电。

涓流充电的另一种形式是脉冲涓流充电。这种充电提供的是恒定幅值、低占空比的脉冲涓流。对镍铬电池和镍氢电池进行脉冲涓流充电时适合于采用微机进行开关量控制。

2.2.2 机器人的驱动机构

驱动机构用于把驱动元件的运动传递到机器人的关节和动作部位。按实现的运动方式不同,驱动机构可分为直线驱动机构和旋转驱动机构两种。驱动机构的运动可以由不同的驱动方式来实现。

1.驱动方式

机器人常用的驱动方式主要有液压驱动、气压驱动和电气驱动三种基本类型。机器人出现的初期,由于其大多采用曲柄机构和连杆机构等,因此较多使用液压和气压驱动方式。随着对机器人工作速度与精度的要求越来越高,以及机器人的功能日益复杂化,目前采用电气驱动的机器人所占比例越来越大。但在需要功率很大的应用场合,或运动精度不高、有防爆要求的场合,液压、气压驱动仍应用较多。

(1)液压驱动方式

液压驱动的特点是,功率大,结构简单,可省去减速装置,能直接与被驱动的杆件相连,响应快,液压驱动有较高的精度,但需要增设液压源,而且易产生液体泄漏,故多用于特大功率的机器人系统。

液压驱动有以下几个优点:

①液压容易达到较高的单位面积压力(常用油压为 2.5~6.3 MPa),液压设备体积较小,可以获得较大的推力或转矩。

②液压系统介质的可压缩性小,系统工作平稳可靠,并可得到较高的位置精度。

③在液压传动中,力、速度和方向比较容易实现自动控制。

④液压系统采用油液作为介质,具有防腐蚀和自润滑性能,可以提高机械效率,系统的使用寿命长。

液压驱动的不足之处如下:

①油液的黏度会随温度变化而变化,会影响系统的工作性能,且油温过高时容易引起燃烧爆炸等危险。

②液体的泄漏难以克服,要求液压元件有较高的精度和质量。

③需要相应的供油系统,尤其是电液伺服系统,要求液压油要经过严格的滤油,否则会引起故障。

(2)气压驱动方式

气压驱动的能源、结构都比较简单,但与液压驱动相比,同样体积条件下设备功率较小,而且速度不宜控制,因此多用于精度不高的点位控制系统。

与液压驱动相比,气压驱动的优点如下:

①压缩空气黏度小,容易达到高速(1 m/s)。

②利用空气压缩机供气,不必添加动力设备,且空气介质对环境无污染,使用安全,可在易燃、易爆、多尘埃、强磁、辐射、振动等恶劣条件中工作。

③气动元件工作压力低,故制造要求也比液压元件低,价格低廉。

④空气具有可压缩性,使气动系统能够实现过载自动保护,提高了系统的安全性和柔软性。

气动驱动的不足之处如下:

①压缩空气常用压力为 0.4～0.6 MPa,若需要获得较大的动力,其结构就要相对增大。

②空气压缩性大,工作平稳性差,速度控制困难,要实现精准的位置控制很困难。

③压缩空气的除水问题较难实现,处理不当会使钢类零件生锈,导致机器失灵。

④排气会造成噪声污染。

(3)电气驱动方式

电气驱动是指直接利用电动机或通过机械传动装置来驱动执行机构,其所用能源简单,机构速度变化范围大、效率高,速度和位置精度都很高,且具有使用方便、噪声低和控制灵活的特点,在机器人中得到了广泛应用。

根据选用电动机及配套驱动器的不同,电气驱动系统大致分为步进电动机驱动系统、直流伺服电动机驱动系统和交流伺服电动机驱动系统等。步进电动机多为开环控制,控制简单但功率不大,多用于低精度、小功率机器人系统;直流伺服电动机易于控制,有较好的机械特性,但其电刷易磨损,且易形成火花;交流伺服电动机结构简单,运行可靠,可频繁启动、制动,没有无线电波干扰。交流伺服电动机与直流伺服电动机相比又具有以下特点:

①没有电刷等易磨损元件,外形尺寸小,能在重载下高速运行。

②加速性能好,能实现动态控制和平滑运动。

目前,常用的交流伺服电动机有交流永磁伺服电动机(PMSM)、感应异步电动机(IM)等。交流伺服电动机驱动方式已逐渐成为机器人的主流驱动方式。

2.驱动机构

（1）直线驱动机构

机器人采用的直线驱动方式包括直角坐标结构的 x、y、z 三个方向的驱动,圆柱坐标结构的径向驱动和垂直升降驱动,以及极坐标结构的径向伸缩驱动。直线运动可以直接由气压缸或液压缸和活塞产生,也可以采用齿轮齿条、丝杠等传动元件由旋转运动转换而得到。

①齿轮齿条装置

通常齿条是固定不动的,当齿轮转动时,齿轮轴连同拖板沿齿条方向做直线运动。这样,齿轮的旋转运动就转换成为拖板的直线运动,如图 2-8 所示,拖板是由导杆或导轨支撑的。该装置的回差较大。

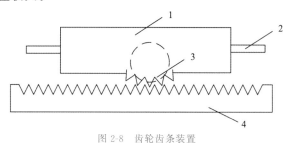

图 2-8　齿轮齿条装置

1—拖板;2—导向杆;3—齿轮;4—齿条

②丝杠装置

丝杠装置大体上可以分为普通丝杠和滚珠丝杠,在机器人中经常采用滚珠丝杠,滚珠丝杠驱动的运动平台如图 2-9 所示。

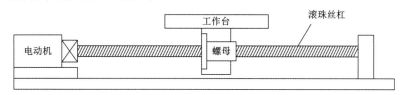

图 2-9　滚珠丝杠驱动的运动平台

滚珠丝杠装置如图 2-10 所示,其工作原理如图 2-11 所示,滚珠从刚性套管中出来,进入经过研磨的回转管,转动 2～3 圈后返回。滚珠丝杠的特点为摩擦阻力小,传动效率高(预计可在 90% 以上),运动灵敏,无爬行现象,可进行预紧以实现无间隙运动,传动刚度大,反向时无空程死区等。

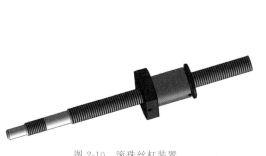

图 2-10　滚珠丝杠装置

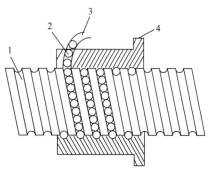

图 2-11　滚珠丝杠装置的工作原理

1—丝杠;2—滚珠;3—回转管;4—螺母

为避免负载载荷变化引起丝杠装置结构变形,进而影响运动精度,通常需要给滚珠丝杠预加载荷,如图 2-12 所示,预加载荷 F_0 与负载载荷 F 之间的关系为

$$F_0 \approx \frac{F}{3} \qquad (2\text{-}2)$$

此外,滚珠丝杠在工作时难免要发热,丝杠的热膨胀将使导程加大,影响定位精度。为了补偿热膨胀,可将丝杠拉伸。预拉伸量应略大于热膨胀量。通常设置为

目标行程＝公称行程－预拉伸量

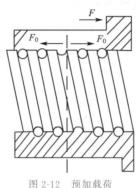

图 2-12　预加载荷

3)液压(气压)缸

液压(气压)缸是将液压泵(空气压缩机)输出的压力能转换为机械能,做直线往复运动的执行元件,使用液压(气压)缸可以很容易地实现直线运动。液压(气压)缸主要由缸筒、缸盖、活塞、活塞杆和密封装置等部件构成,活塞和缸筒采用精密滑动配合,压力油(压缩空气)从液压(气压)缸的一端进入,把活塞推向液压(气压)缸的另一端,从而实现直线运动。通过调节进入液压(气压)缸液压油(压缩空气)的流动方向和流量可以控制液压(气压)缸的运动方向和速度。

早期的大部分机器人采用的都是由伺服阀控制的液压缸,用以产生直线运动。液压缸功率大,结构紧凑。虽然高性能的伺服阀价格较高,但采用伺服阀时不需要把旋转运动转换为直线运动,可以节省转换装置的费用,且有较高的可靠性。如美国 Unimation 公司生产的 Unimate 型机器人采用直线液压缸作为径向驱动源。高效专用设备和自动线大多采用液压驱动,因此配合其作业的机器人可以直接使用主设备的动力源。

(2)旋转驱动机构

多数普通电动机和伺服电动机都能直接产生旋转运动,但其输出力矩比所需求的力矩小,转速比所需求的转速高,因此需要采用齿轮链/带传动等减速机构,把较高的转速转换成较低的转速,并获得较大的力矩。最常见的是通过齿轮减速机构实现运动的传递和转换。

齿轮减速机构是由两个或两个以上的齿轮组成的传动机构。它不但可以传递运动角位移和角速度,而且可以传递力和力矩。现以具有两个齿轮的齿轮减速机构为例,说明其中的传动转换关系。如图 2-13 所示,一个齿轮装在输入轴上,另一个齿轮装在输出轴上,

可以得到输入、输出运动的若干关系式。为了简化分析,假设齿轮工作时没有能量损失,齿轮的转动惯量损失和摩擦力略去不计。

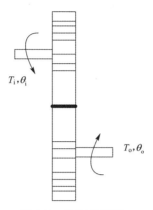

图 2-13　齿轮减速机构

首先分析能量传递关系。由于不存在能量损失,故输入轴所做的总功与输出轴所做的总功相等,即

$$T_i \theta_i = T_o \theta_o \qquad (2\text{-}3)$$

式中:T_i 为输入力矩,N·m;T_o 为输出力矩,N·m;θ_i 为输入齿轮角位移,(°);θ_o 为输出齿轮角位移,(°)。

由于啮合齿轮转过的总圆周距离相等,可以得到齿轮半径与角位移之间的关系,即

$$R_i \theta_i = R_o \theta_o \qquad (2\text{-}4)$$

式中:R_i 为输入轴上的齿轮半径,m;R_o 为输出轴上的齿轮半径,m。

考虑齿轮的齿数与其半径成正比,即

$$\frac{z_i}{z_o} = \frac{R_i}{R_o} \qquad (2\text{-}5)$$

齿轮的齿数与其转动角速度成反比,即

$$\frac{z_i}{z_o} = \frac{\omega_o}{\omega_i} \qquad (2\text{-}6)$$

可以得到输出轴与输入轴之间的运动转换关系,即

力矩为

$$T_o = \frac{z_o}{z_i} T_i \qquad (2\text{-}7)$$

角位移为

$$\theta_o = \frac{z_i}{z_o} \theta_i \qquad (2\text{-}8)$$

角速度为

$$\omega_o = \frac{z_i}{z_o} \omega_i \qquad (2\text{-}9)$$

上述各式中：z_i 为输入轴上齿轮的齿数；z_o 为输出轴上齿轮的齿数；ω_i 为输入轴上齿轮的角速度，rad/s；ω_o 为输出轴上齿轮的角速度，rad/s。

最后，通过动力学分析，便可以得到，在与驱动电动机相连的输入轴上，系统总的等效转动惯量为

$$J_\theta = \left(\frac{z_i}{z_o}\right)^2 J_o + J_i \qquad (2\text{-}10)$$

式中：J_o 为输出轴系统的总转动惯量，$kg \cdot m^2$；J_i 为输入轴系统的总转动惯量，$kg \cdot m^2$。

使用齿轮减速机构应注意以下两点：

①齿轮减速机构的引入会减小系统的等效转动惯量，从而会缩短驱动电动机的响应时间。这样，伺服系统就更加容易控制。

②齿轮间隙误差将导致机器人手臂的定位误差增加，而且，假如不采取补偿措施，齿隙误差还会引起伺服系统的不稳定。

当前，在机器人驱动机构中常用的齿轮减速机构主要包括行星齿轮减速机构、谐波减速机构以及摆线针轮减速器（RV 减速器）。

1）行星齿轮减速机构（图 2-14）

行星齿轮减速机构由太阳轮和行星轮、外齿圈及齿架组成，太阳轮在中间，行星轮围绕太阳轮转动，行星轮外圈啮合大齿轮，输出动能。行星齿轮的减速运动有多种形式，行星齿轮通过组合可以实现多种不同的速比。

行星架锁住时，动力由太阳轮输入，由齿圈输出，不仅实现了减速传动，而且可以实现齿轮的换向操作；锁定齿轮时，动力由太阳轮输入，由行星架输出，此时是减速传动；锁定太阳轮时，动力由行星架输入，由齿圈输出，此时是增速传动，当三者锁成一体，变速器的速比为 1，传动效率最高。

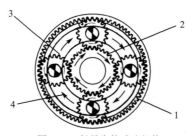

图 2-14　行星齿轮减速机构

1—齿圈；2—太阳轮；3—行星齿轮；4—齿架

2）谐波减速机构（图 2-15）

谐波减速机构由凸轮、柔性轴承、刚性齿轮及柔性齿轮组成。与行星齿轮减速机构相比，带有内齿圈的刚性齿轮（钢轮），相当于行星齿轮的中心轮；带有外齿圈的柔性齿轮（柔轮），相当于行星齿轮；谐波发生器，相当于行星架；作为减速器使用时，通常采用谐波发生器主动、钢轮固定、柔轮输出的形式。

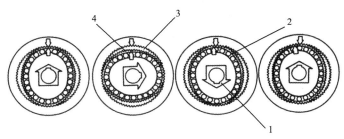

图 2-15　谐波减速机构

1—凸轮；2—柔性轴承；3—柔性齿轮；4—刚性齿轮

谐波减速器具有以下特点：

①承载能力高，齿与齿的啮合是面接触，单位面积载荷小，承载能力高于其他传动形式。

②传动比大，谐波齿轮传动的传动比可达 70～500。

③体积小、质量轻、使用寿命长。

④传动平稳，无冲击，无噪声，运动精度高。

⑤由于柔轮承受较大的载荷，因而对柔轮材料的加工和热处理要求较高，工艺复杂。

3）摆线针轮减速器（RV 减速器）（图 2-16）

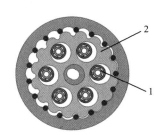

图 2-16　摆线针轮减速器（RV 减速器）

1—内齿轮轮齿；2—外齿轮齿廓

摆线针轮减速器是一种应用行星式传动原理，采用摆线针齿啮合的传动装置。摆线针轮减速机构全部传动装置可分为三部分：以内齿轮轮齿为摆针的输入部分、以外齿轮齿廓为摆线的减速部分以及输出部分。摆线与摆针上一组环形排列的针齿相啮合，以组成内啮合减速机构。

摆线针轮减速机构具有以下特点：

①较高的减速比及传动效率，能达到 1∶87 的减速比和 90% 以上的高效率单级传动。

②运转平稳噪声低，低摆线针齿啮合齿数较多，重叠系数大，具有机件平衡的机理，使振动和噪声限制在最低程度。

③结构紧凑、体积小，由于采用了行星传动原理，输入轴和输出轴在同一轴心线上，使其可获得尽可能小的尺寸。

2.3 ┇ 机器人的传感器

机器人的传感系统通常由多种传感器组成,用于机器人的自身状态和外部感知,通过此信息来决策和控制机器人完成任务。目前,机器人的传感器按照使用属性,大致可以分为内部传感器与外部传感器,内部传感器一般是安装在机器人内部的传感器,用来感知机器人自身的状态,常见的包括位置和位移传感器、速度传感器、加速度传感器等;外部传感器用来检测机器人所处外部环境的传感器,常见的有触觉传感器、视觉传感器等。

2.3.1 内部传感器

机器人关节的位置控制是机器人最基本的控制要求,而对位置和位移的检测也是机器人最基本的感知要求。位置和位移传感器根据其工作原理和组成的不同有多种形式,常见的有电阻式位移传感器、电容式位移传感器、电感式位移传感器、编码式位移传感器、霍尔元件位移传感器、磁栅式位移传感器等,本节介绍两种典型的位置和位移传感器。

(1)电位器式位移传感器

电位器式位移传感器由一个绕线电阻和一个滑动触点组成。滑动触点通过机械装置受被检测位置量的控制,当被检测的位置量发生变化时,滑动触点也发生位移,从而改变滑动触点与电位器各端之间的电阻值和输出电压值。传感器根据这种输出电压的变化,可以检测出机器人各关节的位置和位移量。

按照传感器的结构,电位器式位移传感器可分成两大类:直线型电位器式位移传感器,旋转型电位器式位移传感器。

1)直线型电位器式位移传感器

直线型电位器式位移传感器的工作原理如图 2-17 所示。直线型电位器式位移传感器的工作台与滑动触点相连,当工作台左、右移动时,滑动触点也随之左、右移动,从而改变与电阻接触的位置,通过检测输出电压的变化量,确定以电阻中心为基准位置的移动距离。

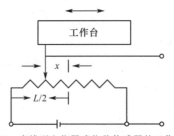

图 2-17　直线型电位器式位移传感器的工作原理

假定输入电压为 U_{cc},电阻丝长度为 L,触头从中心向左端移动 x,电阻右侧的输出电压为 U_{out},则根据欧姆定律,移动距离为

$$x = \frac{L(2U_{\text{out}} - U_{\text{cc}})}{2U_{\text{cc}}} \tag{2-11}$$

直线型电位器式位移传感器主要用于检测直线位移,其电阻器采用直线型螺线管或直线型碳膜电阻,滑动触点也只能沿电阻的轴线方向做直线运动。直线型电位器式位移传感器的工作范围和分辨率受电阻器长度的限制,绕线电阻丝本身的不均匀性会造成传感器的输入、输出呈非线性关系。

2)旋转型电位器式位移传感器

旋转型电位器式位移传感器的电阻元件呈圆弧状,滑动触点在电阻元件上做圆周运动。由于滑动触点等的限制,传感器的工作范围只能小于 360°。图 2-18 为旋转型电位器式位移传感器的工作原理,当输入电压 U_{cc} 加在传感器的两个输入端时,传感器的输出电压 U_{out} 与滑动触点的位置成正比。在应用时,机器人的关节轴与传感器的旋转轴相连,这样根据测量的输出电压 U_{out} 的数值,即可计算出关节对应的旋转角度。

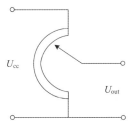

图 2-18　旋转型电位器式位移传感器的工作原理

电位器式位移传感器具有性能稳定、结构简单、使用方便、尺寸小、质量轻等优点。它的输入/输出特性可以是线性的,也可以根据需要选择其他任意函数关系;它的输出信号选择范围很大,只需要改变电阻器两端的基准电压,就可以得到比较小的或比较大的输出电压信号。这种位移传感器不会因为失电而丢失其已接收到的信息。当电源断开时,电位器的滑动触点将保持原来的位置不变,只要重新接通电源,原有的位置信息就会重新出现。电位器式位移传感器的一个主要缺点是不容易磨损,当滑动触点和电位器之间的接触面上有磨损或有灰尘等附着时,会产生噪声,使电位器的可靠性和使用寿命受到影响。因此,电位器式位移传感器在机器人上的应用受到了极大的限制。

(2)光电编码器

光电编码器又称转轴编码器、回转编码器等,是集光、机、电技术于一体的数字化传感器,它利用光电转换原理将旋转信息转换为电信息,并以数字代码输出,可以高精度的测量转角或直线位移。

把旋转角度现有值用二进制码进行输出的编码器,称为绝对值型;每旋转一定角度,就有 1 位的脉冲(1 和 0 交替取值)被输出,这种形式的编码器称为相对值型(增量型)。相对值型用计数器对脉冲进行累积计算,从而可以得知相对于初始角旋转的角度。

根据检测方法的不同,编码器可以分为光电式、磁场式和感应式。一般情况下,普通型编码器的分辨率能达 2^{-12},高精度型编码器的分辨率可达 2^{-20}。

光电编码器是一种应用广泛的角位移传感器,其分辨率完全能满足机器人的技术要求。对绝对型编码器来说,只要把电源加到用这种传感器的机电设备中,编码器就能给出实际的线性或旋转位置。因此,用绝对型编码器的机器人关节不要求校准,只要一通电,控制器就知道关节的实际位置。增量型编码器只能提供与某基准点对应的位置信息,因此用增量型编码器的机器人在获得真实位置信息以前,必须要先完成校准程序。

1)光电式绝对型旋转编码器

图 2-19 所示为光电式绝对型旋转编码器。在输入轴上的旋转透明圆盘上,设置 n 条同心圆状的环带,对环带上的角度实施二进制编码,并将不透明条纹印刷到环带上。将圆盘置于光线的照射下,当透过圆盘的光由 n 个光传感器进行判读时,判读出的数据可变成 n bit 的二进制码。二进制码有多种不同的种类,其中只有格雷码是没有判读误差的,所以它获得了广泛的应用。编码器的分辨率由比特数(环带数)决定,如 12 bit 编码器的分辨率为 $2^{-12}=1/4\ 096$,并对 1 转 360° 进行检测,因此可以有 360°/4 096 的分辨率。

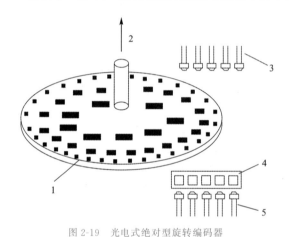

图 2-19　光电式绝对型旋转编码器

1—旋转码盘;2—输入轴;3—光源;4—缝隙板;5—光传感器

对于绝对型旋转编码器,可以用一个传感器检测角度和角速度。因为这种编码器的输出表示的是旋转角度的现有值,所以若对单位时间前的值进行记忆,并取它与现有值之间的差值,就可以求得角速度。

2)光电式增量型旋转编码器

图 2-20 所示为光电式增量型旋转编码器。在旋转圆盘上设置一条环带,将环带沿圆周方向分割成 m 等份,并用不透明的条纹印刷在上面。将圆盘置于光线的照射下,透过去的光线用一个光传感器进行判读。因为圆盘每转过一定角度,光传感器的输出电压便会在 H(high level)与 L(low level)之间交替转换,所以当把这个转换次数用计数器进行统计时,就能够知道旋转过的角度。

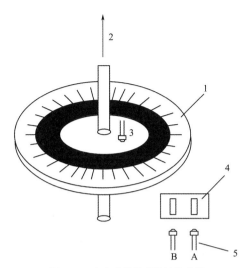

图 2-20　光电式增量型旋转编码器

1—旋转缝隙圆盘;2—输入轴;3—光源;4—缝隙板;5—光传感器

　　由于这种方法不论是顺时针方向旋转,还是逆时针方向旋转,都同样会在 H 与 L 之间交替转换,不能得到旋转方向。因此,从一个条纹到下一个条纹可以作为一个周期,相对于光传感器(A)移动 1/4 周期的位置上增加一个光传感器(B),并取得输出量。于是,输出量 A 的时域波形与输出量 B 的时域波形在相位上相差 1/4 周期,如图 2-21 所示。通常,沿顺时针方向旋转时 A 的变化比 B 的变化先发生,沿逆时针方向旋转时情况相反,因此可以得到旋转方向。

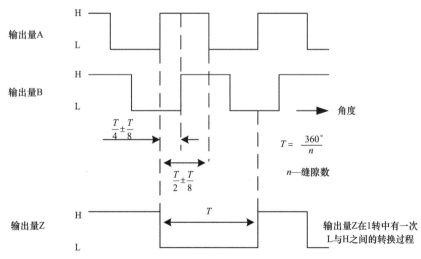

图 2-21　增量型旋转编码器的输出波形

　　在采用增量型旋转编码器的情况下,得到的是从角度的初始值开始检测到的角度变化,问题变为要知道现在的角度,就必须利用其他方法来确定初始角度。角度的分辨率由环带上缝隙条纹的个数决定。例如:在 1 转(360°)内能形成 600 个缝隙条纹,就称其为 600 p/r(脉冲/转)。

增量型旋转编码器也可以用一个传感器检测角度和角速度。这种编码器单位时间内输出脉冲的数目与角速度成正比。

如果不用圆形转盘而是采用一个轴向移动的板状编码器,则称为直线编码器。它用于检测单位时间的位移距离,即速度传感器。直线编码器与回转编码器一样,也可用作位置传感器和加速度传感器。

2.3.2 外部传感器

1. 触觉传感器

触觉传感器是感知被接触物体的特征以及传感器接触外界物体后的自身状况,如是否握牢对象物体或者对象物体在传感器的什么位置。常用的有接触觉传感器、力敏传感器和滑觉传感器等。

(1)接触觉传感器:最早的接触觉传感器为开关式传感器,只有接触(开)和不接触(关)两个信号。例如光电开关由发射器、接收器和检测三部分组成,发射器对准目标发射光束,在光束被中断时产生一个开关信号变化。后来又出现利用柔顺指端结构和电流变流体的指端应变式触觉传感器、利用压阻材料构成两层列电极与行电极的压阻阵列触觉传感器。

(2)力敏传感器:将各种力学量转换为电信号的器件。力学量包括质量、力、力矩、压力和应力等,常用的有依据弹性敏感元件与电阻应变片中电阻形变,发生电阻值改变原理的电阻应变式传感器,依据半导体应变片受力,发生压阻效应的压阻式力敏传感器(图 2-22),依据晶体受力后表面产生电荷压电效应的压电式传感器,依据电容极板面积、间隙等参数改变电容量的电容式压力传感器。

图 2-22　压阻式力敏传感器

(3)滑觉传感器

滑觉传感器用于检测机器人手部夹持物体的滑移量。机器人在抓取不知属性的物体时,其自身应能确定最佳握紧力的值。若握紧力不够,要检测被握物体的滑动速度大小和方向,利用该检测信号,在不损害物体的前提下,考虑采取最可靠的夹持方法握紧物体。

滑觉传感器按有无滑动方向检测功能可分为无方向性传感器、单方向性传感器和全方向性传感器三类。

无方向性传感器如探针耳机式传感器,它是由蓝宝石探针、金属缓冲器、罗谢尔盐晶体及橡胶缓冲器组成。滑动时探针产生振动,通过罗谢尔盐晶体转换为相应的电信号,缓冲器的作用是减少噪声。

单方向性传感器如滚筒光电式传感器,其原理是,被抓取物体的滑移运动使滚筒转动,从而使光敏二极管接收到透过码盘(装在滚筒的圆面上)的光信号,通过滚筒的转角信号测出物体的滑动。

全方向性传感器的主要部分为表面包有绝缘材料的金属球。当传感器接触物体并产生滑动时,金属球发生转动,使球面上的导电区与不导电区交替接触电极,从而产生通断的脉冲信号。脉冲信号的频率反映了滑移速度,个数对应滑移的距离。

2. 视觉传感器

机器人主要用计算机来模拟人的视觉功能,但其并不仅仅是人眼的简单延伸,更重要的是具有人脑的一部分功能,能够从客观事物的图像中提取信息,进行处理并加以理解,最终用于实际检测、测量和控制。常见的视觉传感器包括 CCD(电荷耦合元件)传感器、CMOS 图像采集传感器、二维视觉传感器、三维视觉传感器等。

(1)CCD 传感器

CCD 传感器是电荷耦合元件(Charge Coupled Device)的简称,是通过势阱进行存储、传输电荷的元件。CCD 传感器采用 MOS 结构,内部无 PN 结。如图 2-23 所示,P 电极型硅衬底上有一层 SiO_2 绝缘层,其上排列着多个金属电极。在电极上加正电压,电极下面产生势阱,势阱的深度随电压的变化而变化。如果依次改变加在电极上的电压,势阱则随着电压的变化而发生移动,于是注入在势阱中的电荷会发生转移。根据电极的配置和驱动电压相位的变化不同,有二相时钟驱动和三相时钟驱动两种传输方式。

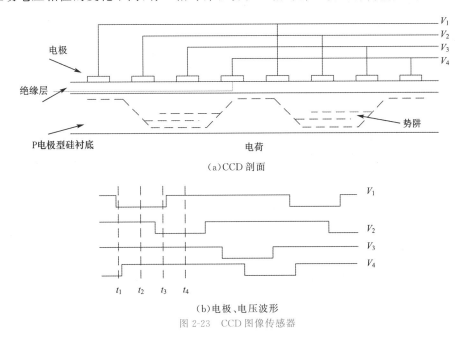

(a)CCD 剖面

(b)电极、电压波形

图 2-23　CCD 图像传感器

CCD 图像传感器在硅衬底上配置光敏元件和电荷转移器件。通过电荷的依次转移，将多个像素的信息分时、按顺序地取出来。这种传感器有一维线型图像传感器和二维面型图像传感器。二维面型图像传感器需要进行水平、垂直方向扫描,其扫描方式有帧转移式和行间转移式。图 2-24 是 CCD 图像传感器的信号扫描原理。

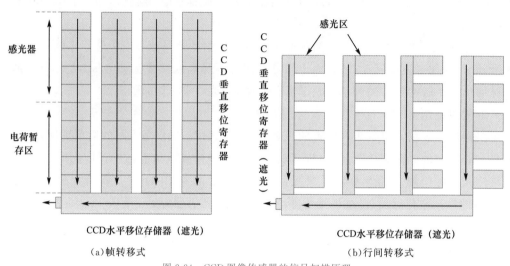

(a)帧转移式   (b)行间转移式

图 2-24　CCD 图像传感器的信号扫描原理

（2）CMOS 图像采集传感器

CMOS 是互补金属氧化物半导体（Complementary Metal Oxide Semiconductor）的缩写。它是指制造大规模集成电路芯片用的一种技术或用这种技术制造出来的芯片,是计算机主板上的一块可读、写的 RAM 芯片。因为可读、写的特性,所以在计算机主板上用来保存 BIOS 设置完电脑硬件参数后的数据,这个芯片仅仅用来存放数据的。

CMOS 作为一种低成本的感应元件技术,在数字影像领域被广泛应用,市面上常见的数码产品,其感光元件主要就是 CCD 或者 CMOS,尤其是低端摄像头产品,而高端摄像头产品通常都是 CCD 感光元件。

目前,市场上的数码摄像头以 CMOS 感光器件为主。在采用 CMOS 作为感光元器件的产品中,通过采用影像光源自动增益补强技术,自动亮度、白平衡控制技术,色饱和度、对比度、边缘增强等先进的影像控制技术,完全可以达到与 CCD 摄像头相同的效果。

（3）二维视觉传感器

二维视觉传感器是获取景物图形信息的传感器。处理方法有二值图形处理、灰度图像处理和彩色图像处理。它们都是以输入的二维图像为识别对象的。图像由摄像机获取,如果物体在传送带上以一定速度通过固定位置,也可用一维线型传感器获取二维图像的输入信号。对于操作对象限定工作环境可调的生产线,一般使用廉价的、处理时间短的二维图像视觉系统。

在图像处理中,首先要区分作为物体像的图和作为背景像的底两大部分。图形识别

中,需要使用图的面积、周长、中心位置等数据。为了减少图像处理的工作量,必须要注意以下几点:

①照明方向。环境中不仅有照明光源,还有其他光,因此要使物体的亮度、光照方向的变化尽量小,就要注意物体表面的反射光、物体的阴影等。

②背景的反差。黑色物体放在白色背景中,图和底的反差大,容易区分。把光源放在物体背后,让光线穿过漫射面照射物体,来获取轮廓图像。

③视觉传感器的位置。改变视觉传感器和物体间的距离,成像大小也相应地发生变化。获取立体图像时若改变观察方向,则改变了图像的形状。垂直方向观察物体,可以得到稳定的图像。

④物体的放置。物体重叠放置时,进行图像处理较为困难。将各个物体分开放置,可缩短图像处理时间。

(4)三维视觉传感器

三维视觉传感器可以获取景物的立体信息或空间信息。立体信息可以根据物体表面的倾斜方向、凹凸高度分布的数据获取,也可以根据从观察点到物体的距离分布情况,即距离图像(range image)得到。空间信息则依靠距离图像获得。获得方法可分为以下几种:

①单眼观测法。人通过看一张照片就可以了解景物的景深、物体的凹凸状态。可见,物体表面的状态(纹理分析)、反光强度分布、轮廓形状、影子等都是一张图像中存在的立体信息的线索。因此,目前研究的课题之一便是如何根据一系列假设,利用知识库进行图像处理,以便用一个电视摄像机充当立体视觉传感器。

②莫尔条纹法。莫尔条纹法是利用条纹状的光照射到物体表面,然后在另一个位置上透过同样形状的遮光条纹进行摄像。物体上的条纹像和遮光像会产生偏移,形成等高线图形,即莫尔条纹。根据莫尔条纹的形状可得到物体表面凹凸的信息。根据条纹数可测得距离,但有时很难确定准确的条纹数。

③主动立体视觉法。光束照在目标物体表面上,在与基线相隔一定距离的位置上摄取物体的图像,从中检测光点的位置,然后根据三角测量原理求出光点的距离,这种获得立体信息的方法就是主动立体视觉法。

④被动立体视觉法。被动立体视觉法就像人的两只眼睛一样,从不同视线获取两幅图像,找到同一个物点的像的位置,利用三角测量原理得到距离图像。这种方法虽然原理简单,但是在两幅图像中找出同一物点的对应点却是非常困难的。

练习题

1.机器人的机械结构包含哪几个部分?

2.简述线性电源与开关电源的优点与缺点。

3.主流化学电池充电过程划分为几个阶段?各阶段的工作原理是什么?

4.机器人驱动机构的驱动方式有哪些？其实现的原理是什么？

5.机器人传感器分为哪几类？它们分别有什么作用？触觉传感器属于哪一类？

6.简述直线型电位器式位移传感器的工作原理。

7.光电编码器可用于测量的模拟量有哪些？试说明绝对式与增量式光电编码器各自适用的场合。

哲思课堂

机器人及其相关零部件是提升智能制造水平的基础设施，是我国能否从"制造大国"走向"制造强国"的关键。本章在介绍时以工业机器人结构为主。事实上，我国在空间站、水下机器人等多个领域也设计出多种先进机器人案例，成就举世瞩目。

例如，中国天眼（500 米口径球面射电望远镜 FAST）采用了并联机器人技术来驱动，极大地提升了我国在天文和科技领域的国际话语权。

2021 年 6 月，备受瞩目的中国空间站迎来了 7 自由度机械臂，可以用于空间站的日常检查、维护，也可以用于对接飞船、捕获卫星等，这让我国空间站如虎添翼。

此外，我国的嫦娥系列月球探测车、蛟龙号载人潜水器等重大工程实践，机器人及其技术都在其中发挥着重大作用。

第3章

机器人运动学与轨迹规划

微课3

本章任务

1. 了解机器人运动学的基本问题。
2. 掌握基本的坐标变换矩阵,运用齐次变换矩阵表达坐标系的变换关系。
3. 理解 D-H 相关参数含义,掌握 D-H 方法进行运动学分析的过程。
4. 了解机器人轨迹规划原理,能够进行多项式轨迹规划。

在理论力学中可以知道,力会使物体运动,物体运动时有位移、速度、加速度等参数。运动的研究包含运动学和动力学。运动学是用几何的方法来研究物体的运动,一般不考虑力和质量等因素的影响。运动学的研究对象是点和刚体的运动。动力学主要是在牛顿第二定律的基础上,研究作用于物体上的力与运动之间的关系。动力学的研究相对运动学而言,较为复杂。本章主要介绍机器人运动学的相关基础知识。在本章的学习过程中,学生应掌握机器人的运动学和轨迹规划的基本理论和基本分析方法,具备机器人系统设计所需要的知识储备,培养学生的系统思维、辩证思维,以及勇于探索与创新的科学精神与匠人精神,逐渐形成驱动—反馈—控制的闭环设计理念。

3.1　机器人运动学

3.1.1　运动学简介

工业机器人中串联机器人的应用较为广泛,并且串联机器人的多连杆力学模型相对容易分析,本章先以串联机器人为例,来介绍机器人的运动学。

在串联机器人的运动分析中,将机器人的各个构件称为杆件,机器人本体的机座可看成是第一个杆件,与末端执行器相连的杆件作为最后一个杆件。各个相邻杆件的运动如果是转动,则运动的变量为转角 θ;各个相邻杆件的运动如果是移动,则运动的变量为长度 d。

机器人的每一个连杆在空间都可以看作是一个刚体,由理论力学的知识可知,刚体在空间的基本运动形式是平移和转动,要确切描述刚体的运动,必须建立运动的参考系。

3.1.2 机器人坐标系

机器人的各个坐标系如图 3-1 所示。

(1)基坐标系(Base Coordinate System),又称基座坐标系。其建立在机器人基座上。

(2)世界坐标系(World Coordinate System),又称大地坐标系或绝对坐标系。当机器人固定安装时,基坐标系和世界坐标系可以重合,此时,在基坐标系下更方便进行示教编程。

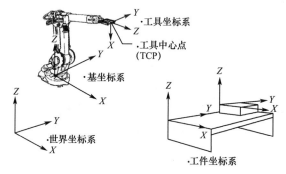

图 3-1　机器人的各个坐标系

(3)用户坐标系(User Coordinate System),机器人在作业时要与不同的工作台进行配合,在每个工作台上建立一个用户坐标系,当工件在不同工作台之间移动时,机器人对工件的操作不必重新编程,只需要相应地变换到当前用户坐标系下。用户坐标系在基坐标系或者世界坐标系下建立。

(4)工件坐标系(Object Coordinate System)与工件相关,建立在相应工件上。它定义工件相对于世界坐标系(或其他坐标系)的位置。

(5)工具坐标系(Tool Coordinate System),安装在末端法兰盘上的工具需要在其中心点(TCP)定义一个工具坐标系,通过坐标系的转换,可以操作机器人在工具坐标系下运动。当工具磨损或更换时,只需要重新定义工具坐标系,不需要更改程序。工具坐标系建立在机器人末端执行器上。

(6)关节坐标系(Joint Coordinate System),用来描述机器人每个独立关节的运动,在关节坐标系下直接对机器人的各个关节操作,可以依次驱动各个关节运动,从而引导末端执行器到达指定的位置。

3.1.3 机器人运动学的基本问题

机器人运动学的位置分析,本质上是关节空间的连杆运动与直角空间的末端执行器之间的运动对应关系。末端执行器的位姿是机器人要准确控制的对象,刚体在空间的位姿包括位置和姿态两个方面,机器人的运动学问题可分为以下几点:

(1)机器人运动学正问题(DKP-Direct Kinematic Problems):对一给定的机器人,已知杆件几何参数和关节变量,求末端执行器相对于给定坐标系的位置和姿态。给定坐标系一般是机器人的基座坐标系或固定坐标系。

(2)机器人运动学逆问题(IKP-Inverse Kinematic Problems):已知机器人杆件的几何参数、末端执行器相对于固定(或机座)坐标系的位置和姿态,确定关节变量的大小。

机器人手臂的关节变量是相对于各个关节的关节坐标系而言的,每一个关节变量都是独立变量,而末端执行器的作业通常是相对于基座坐标系而言。每一时刻,机器人的各个关节运动到某一位置,此时便能确定末端执行器的唯一位置。但机器人的逆运动学求解具有多解性。如图 3-2 所示,对于给定的位置和姿态,它具有两组解。对于真实的机器人作业时,必须根据实际情况进行判断选出一组解。要实现对机器人的运动控制,机器人的正向、逆向运动学问题的求解算法必须编制到控制器中。

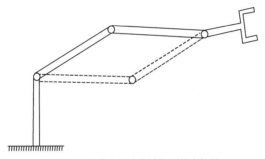

图 3-2　机器人运动学逆问题的多解性

3.2　坐标变换

机器人的每个连杆绕关节运动时都会影响末端执行器的最终位姿,连杆的运动可分为绕关节坐标系的平移和旋转,要表示变换前、后连杆位姿的变化,首先必须要找到坐标系的变换规律。

如图 3-3 所示,参考坐标系 O_{XYZ} 是三维空间中的固定坐标系,在机器人运动中将它作为绝对坐标系来描述刚体的绝对运动和绝对位置,O_{UVW} 是三维空间中的动坐标系,它可以是关节坐标系、工具坐标系、移动的基座坐标系等。由于机器人的各个连杆通常是绕各自关节的运动,因此 O_{UVW} 是描述机器人连杆相对运动的坐标系。这两个坐标系之间的关系理论上有以下四种:

①重合:两个坐标系完全重合。

②旋转变换:两个坐标系原点重合,坐标轴方向不一致。

③平移变换:两个坐标系坐标轴方向一致,原点不重合。

④复合变换:两个坐标系原点不重合,坐标轴的方向不一致。

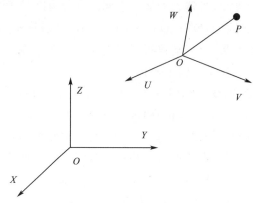

图 3-3　参考坐标系和动坐标系

对于②中情况,参考坐标系和动坐标系可以通过系列的旋转变换使坐标系完全重合;对于③中情况,参考坐标系和动坐标系可以通过平移变换使坐标系完全重合;对于④中情况,参考坐标系和动坐标系可以通过旋转变换和平移变换的组合形式使坐标系完全重合。

3.2.1　齐次坐标

1.空间任意点的坐标表示

在给定的直角坐标系 $\{A\}$ 中,空间内任意一点 P 的位置(图 3-4)可以用 3×1 的矢量 $^A\boldsymbol{P}$ 表示,即

$$^A\boldsymbol{P}=\begin{bmatrix}p_x & p_y & p_z\end{bmatrix}^T$$

式中:p_x、p_y、p_z 是点 P 在坐标系 $\{A\}$ 中的三个位置坐标分量。

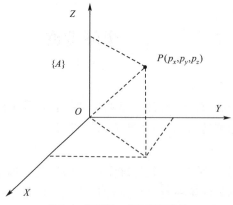

图 3-4　空间任一点的坐标表示

2.齐次坐标表示

齐次坐标表示法是用一个 $n+1$ 维坐标来描述 n 维空间中的位置,其中,第 $n+1$ 个

元素称为比例因子。对三维空间位置矢量 $\boldsymbol{P} = (p_x \quad p_y \quad p_z)^T$，其齐次坐标可以表示为 $\boldsymbol{P} = (wp_x \quad wp_y \quad wp_z \quad w)^T$。实际坐标和齐次坐标的关系为

$$p_x = \frac{wp_x}{w}, p_y = \frac{wp_y}{w}, p_z = \frac{wp_z}{w}$$

可见,若将 w 取为1,则点 P 的齐次坐标和实际坐标相同。在机器人运动学研究中,一般将 w 取值为1。

坐标系中特殊点的齐次坐标表示如下:

坐标系原点 O:$(0 \quad 0 \quad 0 \quad 1)^T$。

X 方向坐标轴:$(1 \quad 0 \quad 0 \quad 0)^T$。

Y 方向坐标轴:$(0 \quad 1 \quad 0 \quad 0)^T$。

Z 方向坐标轴:$(0 \quad 0 \quad 1 \quad 0)^T$。

3.2.2 旋转变换

如图 3-5 所示,动坐标系 O_{UVW} 相对于参考坐标系 O_{XYZ} 的 X 轴旋转 α 角。动坐标系的三个单位向量为 $\overline{u}, \overline{v}, \overline{w}$;参考坐标系的三个单位向量为 $\overline{x}, \overline{y}, \overline{z}$。两组坐标系之间的关系为

$$\overline{u} = \overline{x}$$
$$\overline{v} = \cos \alpha \cdot \overline{y} + \sin \alpha \cdot \overline{z}$$
$$\overline{w} = -\sin \alpha \cdot \overline{y} + \cos \alpha \cdot \overline{z}$$

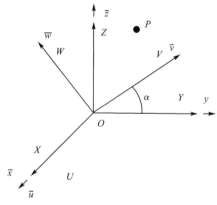

图 3-5 两个旋转变换的坐标系

写成矩阵形式为

$$\begin{pmatrix} \overline{u} \\ \overline{v} \\ \overline{w} \end{pmatrix} = \begin{pmatrix} 1 & 0 & 0 \\ 0 & \cos \alpha & \sin \alpha \\ 0 & -\sin \alpha & \cos \alpha \end{pmatrix} \begin{pmatrix} \overline{x} \\ \overline{y} \\ \overline{z} \end{pmatrix}$$

即

$$\begin{pmatrix} \overline{x} \\ \overline{y} \\ \overline{z} \end{pmatrix} = \begin{pmatrix} 1 & 0 & 0 \\ 0 & \cos \alpha & -\sin \alpha \\ 0 & \sin \alpha & \cos \alpha \end{pmatrix} \begin{pmatrix} \overline{u} \\ \overline{v} \\ \overline{w} \end{pmatrix} \tag{3-1}$$

动点 P 为机器人连杆上的一点,它跟随动坐标系的运动而运动,假设动点 P 在动坐标系 O_{UVW} 的位置表示为 P_{uvw},在参考坐标系 O_{XYZ} 的位置表示为 P_{xyz},则由式(3-1)可知

$$P_{xyz} = \begin{pmatrix} 1 & 0 & 0 \\ 0 & \cos\alpha & -\sin\alpha \\ 0 & \sin\alpha & \cos\alpha \end{pmatrix} P_{uvw} \tag{3-2}$$

用齐次坐标表示 P_{uvw} 坐标为 $p(u,v,w,1)$,P_{xyz} 坐标为 $p(x,y,z,1)$,则式(3-2)可写成

$$\begin{bmatrix} x \\ y \\ z \\ 1 \end{bmatrix} = \begin{bmatrix} 1 & 0 & 0 & 0 \\ 0 & \cos\alpha & -\sin\alpha & 0 \\ 0 & \sin\alpha & \cos\alpha & 0 \\ 0 & 0 & 0 & 1 \end{bmatrix} \begin{bmatrix} u \\ v \\ w \\ 1 \end{bmatrix} \tag{3-3}$$

简写成

$$P_{xyz} = R_{(X,\alpha)} P_{uvw}$$

式中,$R(X,\alpha)$ 表示动坐标系 O_{UVW} 绕参考坐标系 O_{XYZ} 的 X 轴转动 α 角的旋转变换矩阵,又称为旋转算子,即

$$R(X,\alpha) = \begin{bmatrix} 1 & 0 & 0 & 0 \\ 0 & \cos\alpha & -\sin\alpha & 0 \\ 0 & \sin\alpha & \cos\alpha & 0 \\ 0 & 0 & 0 & 1 \end{bmatrix} \tag{3-4}$$

同理,可以得到绕 Y 轴和 Z 轴转动的旋转算子,即

$$R(Y,\beta) = \begin{bmatrix} \cos\beta & 0 & \sin\beta & 0 \\ 0 & 1 & 0 & 0 \\ -\sin\beta & 0 & \cos\beta & 0 \\ 0 & 0 & 0 & 1 \end{bmatrix} \quad R(Z,\gamma) = \begin{bmatrix} \cos\gamma & -\sin\gamma & 0 & 0 \\ \sin\gamma & \cos\gamma & 0 & 0 \\ 0 & 0 & 1 & 0 \\ 0 & 0 & 0 & 1 \end{bmatrix} \tag{3-5}$$

矩阵 $R(X,\alpha)$,$R(Y,\beta)$,$R(Z,\gamma)$ 称为基本旋转矩阵,只要两坐标系的原点重合,便能通过若干次基本旋转变换得到变换关系。

3.2.3 平移变换

如图 3-6 所示,动坐标系 O_{1UVW} 相对于参考坐标系 O_{XYZ} 发生了沿向量 OO_1 的平移,向量 $\boldsymbol{OO_1}$ 表示为 $(\Delta x, \Delta y, \Delta z)$。则动点 P 在动坐标系 O_{1UVW} 的坐标描述 P_{uvw} 与在参考坐标系 O_{XYZ} 的坐标描述 P_{xyz} 之间的关系为

$$P_{xyz} = P_{uvw} + \boldsymbol{OO_1}$$

坐标值之间的关系可写为

$$x = u + \Delta x$$
$$y = v + \Delta y$$
$$z = w + \Delta z$$

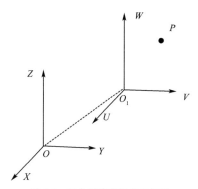

图 3-6　两个平移变换的坐标系

写成矩阵形式为

$$\begin{bmatrix} x \\ y \\ z \\ 1 \end{bmatrix} = \begin{bmatrix} 1 & 0 & 0 & \Delta x \\ 0 & 1 & 0 & \Delta y \\ 0 & 0 & 1 & \Delta z \\ 0 & 0 & 0 & 1 \end{bmatrix} \begin{bmatrix} u \\ v \\ w \\ 1 \end{bmatrix}$$

可简写成

$$P_{xyz} = T P_{uvw}$$

式中,T 表示动坐标系 O_{1UVW} 沿参考坐标系 O_{XYZ} 平移变换矩阵,又称平移算子。

当三个方向的移动量为 Δx,Δy,Δz 时,平移算子 T 的内容为

$$T = \begin{bmatrix} 1 & 0 & 0 & \Delta x \\ 0 & 1 & 0 & \Delta y \\ 0 & 0 & 1 & \Delta z \\ 0 & 0 & 0 & 1 \end{bmatrix} \tag{3-6}$$

3.2.4　复合变换

如图 3-3 所示,当两个坐标系原点不重合,坐标轴的方向不一致时,必须经过系列的旋转和平移变换才能重合,此时可以基本变换矩阵连乘的形式得到坐标系之间的变换关系。但要注意的是,在利用基本变换矩阵求解坐标系的变换关系时要注意算子左乘、右乘的法则。当坐标系绕参考坐标系运动时,则算子左乘;当坐标系绕动坐标系运动时,则算子右乘。

▶ 例 3-1　动坐标系 O_{UVW} 绕参考坐标系 O_{XYZ} 的 X 轴旋转 α 角,然后绕 U 轴旋转 θ 角,再绕 Z 轴旋转 γ 角,求合成旋转矩阵 R,当 $\alpha = 30°$,$\theta = 45°$,$\gamma = 90°$ 时写出 R。

解:$R = R(Z,\gamma) R(X,\alpha) R(U,\theta)$

将 $\alpha = 30°$,$\theta = 45°$,$\gamma = 90°$ 代入上式可得

$$R = R(Z,90°) R(X,30°) R(U,45°)$$

$$= \begin{pmatrix} 0 & -1 & 0 \\ 1 & 0 & 0 \\ 0 & 0 & 1 \end{pmatrix} \begin{pmatrix} 1 & 0 & 0 \\ 0 & 0.866 & -0.5 \\ 0 & 0.5 & 0.866 \end{pmatrix} \begin{pmatrix} 0.707 & 0 & 0.707 \\ 0 & 1 & 0 \\ -0.707 & 0.5 & 0.707 \end{pmatrix}$$

> 例 3-2 已知点 u 的坐标为 $(7 \quad 3 \quad 2)^{\mathrm{T}}$,对点 u 依次进行如下变换,求 $u,v,w,$ t 各点的齐次坐标。

(1)u 绕 Z 轴旋转 90°得到点 v。

(2)v 绕 Y 轴旋转 90°得到点 w。

(3)w 沿 X 轴平移 4 个单位,再沿 Y 轴平移 -3 个单位,最后沿 Z 轴平移 7 个单位得到点 t。

解:点 u 的齐次坐标为 $(7 \quad 3 \quad 2 \quad 1)^{\mathrm{T}}$

$$v=R(Z,90°)u=\begin{pmatrix} 0 & -1 & 0 & 0 \\ 1 & 0 & 0 & 0 \\ 0 & 0 & 1 & 0 \\ 0 & 0 & 0 & 1 \end{pmatrix}\begin{pmatrix} 7 \\ 3 \\ 2 \\ 1 \end{pmatrix}=\begin{pmatrix} -3 \\ 7 \\ 2 \\ 1 \end{pmatrix}$$

$$w=R(Y,90°)v=\begin{pmatrix} 0 & 0 & 1 & 0 \\ 0 & 1 & 0 & 0 \\ -1 & 0 & 0 & 0 \\ 0 & 0 & 0 & 1 \end{pmatrix}\begin{pmatrix} -3 \\ 7 \\ 2 \\ 1 \end{pmatrix}=\begin{pmatrix} 2 \\ 7 \\ 3 \\ 1 \end{pmatrix}$$

$$t=T(4,-3,7)w=\begin{pmatrix} 1 & 0 & 0 & 4 \\ 0 & 1 & 0 & -3 \\ 0 & 0 & 1 & 7 \\ 0 & 0 & 0 & 1 \end{pmatrix}\begin{pmatrix} 2 \\ 7 \\ 3 \\ 1 \end{pmatrix}=\begin{pmatrix} 6 \\ 4 \\ 10 \\ 1 \end{pmatrix}$$

3.3 机器人运动分析

机器人的运动可以看作由基座—关节—末端执行器运动过程的传递,在学习了坐标系的变换关系之后,可以通过坐标变换找到相邻连杆位姿变换关系,工业机器人中最关心的是末端执行器相对于基坐标系的位置,这种位姿关系可以通过系列的变换连乘得到。首先要解决的问题是如何在机器人连杆上建立坐标系,D-H 表示法是常用的方法。

3.3.1 Denavt-Hartenberg(D-H)表示法

从机构学角度分析,工业机器人通过转动或平移关节将各个构件连接在一起。若将机座(base)也看成组成机器人系统的杆件,n 个自由度的串联结构机器人会有 $n+1$ 个杆件。固定机座可看成杆件 0,第 1 个运动体是杆件 1,依此类推,最后 1 个杆件与工具相连。关节 1 处于杆件 1 和机座之间,每个杆件最多与另外 2 个杆件相连,而不构成闭环。

杆件 i 距机座近的一端(简称近端)的关节为第 i 个关节,距机座远的一端(简称远端)的关节为第 $i+1$ 个关节。通常,在近端关节上提供相应的驱动。任何杆件 i 都可以用两个尺度表征,如图 3-7 所示,杆件 i 的长度 a_i 是杆件上两个关节轴线的最短距离;杆件 i 的扭转角 α_i 是两个关节轴线的夹角。

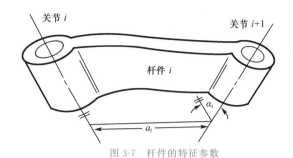

图 3-7 杆件的特征参数

通常,在每个关节轴线上连接有两根杆件,每个杆件各有一根和轴线垂直的法线。两个杆件的相对位置由两杆间的距离 d_i(关节轴上两个法线的距离)和夹角 θ_i(关节轴上两个法线的夹角)确定。

1. 坐标系建立

n 关节机器人需要建立 $n+1$ 个坐标系,其中参考(机座)坐标系为 $O_{0X_0Y_0Z_0}$,机械手末端的坐标系为 $O_{nX_nY_nZ_n}$(工具坐标系),第 i 个关节上的坐标系为 $O_{(i-1)X_{(i-1)}Y_{(i-1)}Z_{(i-1)}}$。确定和建立每个坐标系应根据下面三条规则(图 3-8):

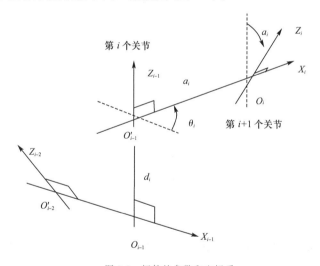

图 3-8 杆件的参数和坐标系

(1) Z_{i-1} 轴沿第 i 个关节的运动轴。

(2) X_i 轴垂直于 Z_{i-1} 轴和 Z_i 轴,并向离开 Z_{i-1} 轴的方向。

(3) Y_i 轴按右手坐标系的要求建立。

按照上述规则,0 号坐标系在机座上的位置是任意选取的,只要 Z_0 轴沿着第 1 关节运动轴。n 号坐标系可放在任何位置,只要 X_n 与 Z_{n-1} 轴垂直。

2. D-H 参数定义

根据上述对杆件参数及坐标系的定义,描述串联机器人相邻坐标系之间的关节关系,可归结为如下 4 个参数：

①关节角 θ_i。绕 Z_{i-1} 轴（右手定则）由 X_{i-1} 轴转向 X_i 轴的关节角。

②偏距 d_i。X_{i-1} 和 X_i 两轴间公垂线长度。

③杆长 a_i。Z_{i-1} 和 Z_i 两轴间公垂线长度。

④扭转角 α_i。绕 X_i 轴（右手定则）由 Z_{i-1} 轴转向 Z_i 轴的偏角。

对于转动关节来说，d_i、a_i 和 α_i 是关节参数，θ_i 是关节变量。移动关节的关节参数是 θ_i、a_i 和 α_i，关节变量是 d_i。

3. 建立 i 坐标系和 $i-1$ 坐标系的齐次变换矩阵

将第 i 个坐标系表示的点 r_i 在 $i-1$ 坐标系表示，需要建立 i 坐标系和 $i-1$ 坐标系的齐次变换矩阵，经过以下变换：

(1)将坐标系 $O_{i-1X_{i-1}Y_{i-1}Z_{i-1}}$ 绕 Z_{i-1} 轴旋转 θ_i 角，使 X_{i-1} 轴与 X_i 轴平行且指向相同。

(2)将坐标系 $O_{i-1X_{i-1}Y_{i-1}Z_{i-1}}$ 沿 Z_{i-1} 轴平移 d_i 距离，使 X_{i-1} 轴与 $O_{iX_iY_iZ_i}$ 的 X_i 轴重合。

(3)将坐标系 $O_{i-1X_{i-1}Y_{i-1}Z_{i-1}}$ 沿 X_{i-1} 轴平移 a_i 距离，使两坐标系的原点重合。

(4)将坐标系 $O_{i-1X_{i-1}Y_{i-1}Z_{i-1}}$ 绕 X_{i-1} 轴旋转 α_i 角，使两坐标系完全重合。

以上系列变换能够得到 i 坐标系和 $i-1$ 坐标系的变换矩阵 $^{i-1}A_i$，根据复合变换规则得

$$
\begin{aligned}
^{i-1}A_i &= R(Z,\theta_i)T(Z,d_i)T(X,a_i)R(X,\alpha_i)\\
&= \begin{pmatrix} c\theta_i & -s\theta_i & 0 & 0\\ s\varphi & c\varphi & 0 & 0\\ 0 & 0 & 1 & 1\\ 0 & 0 & 0 & 1\end{pmatrix}\begin{pmatrix}1 & 0 & 0 & 0\\ 0 & 1 & 0 & 0\\ 0 & 0 & 1 & d_i\\ 0 & 0 & 0 & 1\end{pmatrix}\begin{pmatrix}1 & 0 & 0 & a_i\\ c\varphi & -s\varphi & 0 & 0\\ s\varphi & c\varphi & 0 & 0\\ 0 & 0 & 1 & 1\end{pmatrix}\begin{pmatrix}1 & 0 & 0 & \alpha_i\\ 0 & c\alpha_i & -s\alpha_i & 0\\ 0 & s\alpha_i & c\alpha_i & 0\\ 0 & 0 & 0 & 1\end{pmatrix}\\
&= \begin{pmatrix} c\theta_i & -c\alpha_i s\theta_i & s\alpha_i s\theta_i & a_i c\theta_i\\ s\theta_i & c\alpha_i c\theta_i & -s\alpha_i c\theta_i & a_i s\theta_i\\ 0 & s\alpha_i & c\alpha_i & d_i\\ 0 & 0 & 0 & 1\end{pmatrix}
\end{aligned} \tag{3-7}
$$

对于在第 i 坐标系中的位置矢量 $\boldsymbol{r}$ 的齐次坐标在第 $i-1$ 坐标系中表示为

$$\hat{\boldsymbol{r}}_{i-1} = {}^{i-1}A_i\hat{\boldsymbol{r}}_i$$

那么，第 i 坐标系相对于机座坐标系位置的齐次变换矩阵 ^0T_i 可通过各齐次变换矩阵 $^{i-1}A_i$ 的连乘得到，即

$$
\begin{aligned}
^0T_i &= {}^0A_1{}^1A_2\cdots{}^{i-1}A_i = \prod_{j=1}^{i}{}^{j-1}A_j\\
&= \begin{pmatrix} n_i & o_i & a_i & \boldsymbol{p}_i\\ 0 & 0 & 0 & 1\end{pmatrix} = \begin{pmatrix} {}^0R_i & {}^0P_i\\ 0 & 1\end{pmatrix}
\end{aligned} \tag{3-8}
$$

式中，$[n_i \quad o_i \quad a_i]$ 是固连在杆件 i 上的第 i 个坐标系的姿态矩阵；$\boldsymbol{p}_i$ 是由机座坐标系原

点指向第 i 个坐标系原点的位置矢量。

> **例 3-3**　建立图 3-9 所示的 2 自由度平面机械臂末端相对于机座的齐次变换矩阵。

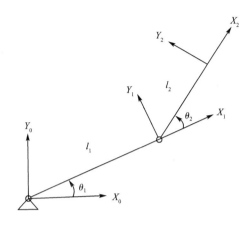

图 3-9　2 自由度平面机械臂坐标系

解：
$$^0A_1 = R(Z,\theta_1)T(X,l_1) = \begin{pmatrix} c_1 & -s_1 & 0 \\ s_1 & c_1 & 0 \\ 0 & 0 & 1 \end{pmatrix} \begin{pmatrix} 1 & 0 & l_1 \\ 0 & 1 & 0 \\ 0 & 0 & 1 \end{pmatrix} = \begin{pmatrix} c_1 & -s_1 & l_1c_1 \\ s_1 & c_1 & l_1s_1 \\ 0 & 0 & 1 \end{pmatrix}$$

$$^1A_2 = \begin{pmatrix} c_2 & -s_2 & l_2c_2 \\ s_2 & c_2 & l_2s_2 \\ 0 & 0 & 1 \end{pmatrix}$$

$$T = {}^0A_1\,{}^1A_2 = \begin{pmatrix} c_1 & -s_1 & l_1c_1 \\ s_1 & c_1 & l_1s_1 \\ 0 & 0 & 1 \end{pmatrix} \begin{pmatrix} c_2 & -s_2 & l_2c_2 \\ s_2 & c_2 & l_2s_2 \\ 0 & 0 & 1 \end{pmatrix}$$

$$= \begin{pmatrix} c_1c_2-s_1s_2 & -c_1s_2-s_1c_2 & l_2(c_1c_2-s_1s_2)+l_1c_1 \\ s_1c_2+c_1s_2 & -s_1s_2+c_1c_2 & l_2(s_1c_2+c_1s_2)+l_2s_1 \\ 0 & 0 & 1 \end{pmatrix} = \begin{pmatrix} c_{12} & -s_{12} & l_2c_{12}+l_1c_1 \\ s_{12} & c_{12} & l_2s_{12}+l_2s_1 \\ 0 & 0 & 1 \end{pmatrix}$$

式中，$c_{12}=\cos(\theta_1+\theta_2)$；$s_{12}=\sin(\theta_1+\theta_2)$，可以看出末端位置为 $[l_1c_1+l_2c_{12} \quad l_1s_1+l_2s_{12}]^{\mathrm{T}}$，姿态为 $\theta_1+\theta_2$。

3.3.2　机器人正向运动学

根据前文介绍的方法，研究机器人运动学，首先应建立机器人各连杆的坐标系，得出相邻连杆齐次变换矩阵 $^{i-1}A_i$。$^{i-1}A_i$ 能够描述连杆坐标系之间平移和旋转的齐次变换。$^0A_1$ 描述第 1 个连杆对于机身的位姿，$^1A_2$ 描述第 2 个连杆坐标系相对于第 1 个连杆坐标系的位姿。对于 n 自由度机器人，已知一点在最后一个坐标系（n 坐标系）的坐标，要把它表示成前一个坐标系 $n-1$ 的坐标，那么齐次变换矩阵为 $^{n-1}A_n$。以此类推，可知此

点到基础坐标系的齐次变换矩阵为

$$^0A_1{}^1A_2{}^2A_3\cdots{}^{n-1}A_n$$

若有一个六连杆机器人,机器人末端执行器坐标系的坐标相对于连杆 $i-1$ 坐标系的齐次变换矩阵用 $^{i-1}A_6$ 表示,即

$$^{i-1}A_6={}^{i-1}A_i{}^iA_{i+1}\cdots{}^5A_6$$

机器人末端执行器相对于机身坐标系的齐次变换矩阵为

$$^0A_6={}^0A_1{}^1A_2\cdots{}^5A_6$$

机器人运动学的正问题是已知机器人各关节、各连杆参数及各关节变量,求机器人末端执行器在参考坐标系中的位置和姿态,用于机器人工作空间的确定与机器人设计。对于串联结构机器人,只需要将关节变量代入运动学位置方程求出末端相对于参考坐标系的齐次变换矩阵。下面以斯坦福机器人为例来说明如何运用 D-H 表示法建立机器人的运动学方程。

▶ **例 3-4** 图 3-10 所示为 Stanford 机器人的结构。求 $^{i-1}A_i$ 及 $^0A_6$。

解:(1)用 D-H 表示法建立坐标系,如图 3-10 所示。

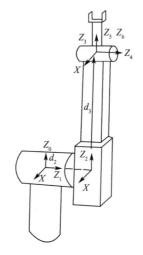

图 3-10 Stanford 机器人及其坐标系

(2)确定各连杆的 D-H 参数和关节变量,见表 3-1。

表 3-1   **Stanford 机器人的连杆及关节参数**

连杆	关节变量	$\alpha_i/(°)$	d_i/mm	a_i/mm	$\cos\alpha$	$\sin\alpha$
1	θ_1	−90	0	0	0	−1
2	θ_2	90	d_2	0	0	1
3	θ_3	0	d_3	0	1	0
4	θ_4	−90	0	0	0	−1
5	θ_5	90	0	0	0	1
6	θ_6	0	0	0	1	0

(3)求两相邻连杆之间的位姿变换矩阵。

将表 3-1 中的参数分别代入式(3-7)可得如下变换矩阵:

$$
{}^{0}A_{1}=\begin{bmatrix} c_{1} & 0 & -s_{1} & 0 \\ s_{1} & 0 & c_{1} & 0 \\ 0 & -1 & 0 & 0 \\ 0 & 0 & 0 & 1 \end{bmatrix}
$$

$$
{}^{1}A_{2}=\begin{bmatrix} c_{2} & 0 & s_{2} & 0 \\ s_{2} & 0 & c_{2} & 0 \\ 0 & 1 & 0 & d_{2} \\ 0 & 0 & 0 & 1 \end{bmatrix}
$$

$$
{}^{2}A_{3}=\begin{bmatrix} 1 & 0 & 0 & 0 \\ 0 & 1 & 0 & 0 \\ 0 & 0 & 1 & d_{3} \\ 0 & 0 & 0 & 1 \end{bmatrix}
$$

$$
{}^{3}A_{4}=\begin{bmatrix} c_{4} & 0 & -s_{4} & 0 \\ s_{4} & 0 & c_{4} & 0 \\ 0 & -1 & 0 & 0 \\ 0 & 0 & 0 & 1 \end{bmatrix}
$$

$$
{}^{4}A_{5}=\begin{bmatrix} c_{5} & 0 & s_{5} & 0 \\ s_{5} & 0 & -c_{5} & 0 \\ 0 & 1 & 0 & 0 \\ 0 & 0 & 0 & 1 \end{bmatrix}
$$

$$
{}^{5}A_{6}=\begin{bmatrix} c_{6} & -s_{6} & 0 & 0 \\ s_{6} & c_{6} & 0 & 0 \\ 0 & 0 & 1 & 0 \\ 0 & 0 & 0 & 1 \end{bmatrix}
$$

(4)求机器人的运动方程。

由末端坐标向机座坐标变换,其过程如下:

$$
{}^{5}T_{6}={}^{5}A_{6}=\begin{bmatrix} c_{6} & -s_{6} & 0 & 0 \\ s_{6} & c_{6} & 0 & 0 \\ 0 & 0 & 1 & 0 \\ 0 & 0 & 0 & 1 \end{bmatrix}
$$

$$
{}^{4}T_{6}={}^{4}A_{5}{}^{5}A_{6}=\begin{bmatrix} c_{5}c_{6} & -c_{5}s_{6} & s_{5} & 0 \\ s_{5}c_{6} & -s_{5}s_{6} & -c_{5} & 0 \\ s_{6} & c_{6} & 0 & 0 \\ 0 & 0 & 0 & 1 \end{bmatrix}
$$

$$^3T_6 = {}^3A_4\,{}^4A_5\,{}^5A_6 = \begin{bmatrix} c_4c_5c_6 - s_4s_6 & -c_4c_5c_6 - s_4c_6 & c_4s_5 & 0 \\ s_4c_5c_6 + c_4s_6 & -s_4c_5c_6 + c_4c_6 & s_4s_5 & 0 \\ -s_5c_6 & s_5s_6 & c_5 & 0 \\ 0 & 0 & 0 & 1 \end{bmatrix}$$

$$^2T_6 = {}^2A_3\,{}^3A_4\,{}^4A_5\,{}^5A_6 = \begin{bmatrix} c_4c_5c_6 - s_4s_6 & -c_4c_5c_6 - s_4c_6 & c_4s_5 & 0 \\ s_4c_5c_6 + c_4s_6 & -s_4c_5c_6 + c_4c_6 & s_4s_5 & 0 \\ -s_5c_6 & s_5s_6 & c_5 & d_3 \\ 0 & 0 & 0 & 1 \end{bmatrix}$$

$$^1T_6 = {}^1A_2\,{}^2A_3\,{}^3A_4\,{}^4A_5\,{}^5A_6$$

$$= \begin{bmatrix} c_2(c_4c_5c_6 - s_4s_6) - s_2s_5s_6 & -c_2(c_4c_5c_6 + s_4s_6) + s_2s_5s_6 & c_2c_4s_5 + s_2c_5 & s_2d_3 \\ s_2(c_4c_5c_6 - s_4s_6) - c_2s_5s_6 & -s_2(c_4c_5c_6 + s_4s_6) + c_2s_5s_6 & s_2c_4s_5 + c_2c_5 & c_2d_3 \\ s_4c_5c_6 + c_4s_6 & -s_4c_5c_6 + c_4s_6 & s_4s_5 & d_2 \\ 0 & 0 & 0 & 1 \end{bmatrix}$$

$$T = {}^0A_1\,{}^1T_6 = \begin{bmatrix} n_x & o_x & a_x & p_x \\ n_y & o_y & a_y & p_y \\ n_z & o_z & a_z & p_z \\ 0 & 0 & 0 & 1 \end{bmatrix}$$

式中:

$n_x = c_1[c_2(c_4c_5c_6 - s_4s_6) - s_2s_5s_6] - s_1(s_4c_5c_6 + c_4s_6)$

$n_y = s_1[c_2(c_4c_5c_6 - s_4s_6) - s_2s_5s_6] + c_1(s_4c_5c_6 + c_4s_6)$

$n_z = -s_2(c_4c_5c_6 - s_4s_6) + c_2s_5s_6$

$o_x = c_1[-c_2(c_4c_5c_6 + s_4s_6) + s_2s_5s_6] - s_1(-s_4c_5c_6 + c_4s_6)$

$o_y = s_1[-c_2(c_4c_5c_6 + s_4s_6) + s_2s_5s_6] + c_1(-s_4c_5c_6 + c_4s_6)$

$o_z = s_2(c_4c_5c_6 + s_4s_6) - c_2s_5s_6$

$a_x = c_1(c_2c_4s_5 + s_2c_5) - s_1s_4s_5$

$a_y = s_1(c_2c_4s_5 + s_2c_5) + c_1s_4s_5$

$a_z = -s_2c_4s_5 - c_2c_5$

$p_x = c_1s_2d_3 - s_1d_2$

$p_y = s_1s_2d_3 + c_1d_2$

$p_z = c_2d_3$

3.3.3　机器人逆向运动学

通过上一小节的学习,可以知道,对于串联结构机器人,只要已知机器人结构参数,运动学位置分析的正问题是将关节变量代入运动学位置方程求出末端相对于参考坐标系的齐次变换(位置和姿态)矩阵,进而确定机械手末端的位姿。而运动学位置分析的逆问题,即已知当前机械手末端工具的位姿,计算机器人对应位置的全部关节变量。

若机器人的自由度为 n 时,串联结构机器人运动学位置方程可表示为

$$^0T_n = \, ^0A_1 \, ^1A_2 \cdots \, ^{n-1}A_n = \prod_{j=1}^{n} \, ^{j-1}A_j$$

$$= \begin{pmatrix} n_n & o_n & a_n & p_n \\ 0 & 0 & 0 & 1 \end{pmatrix} = \begin{pmatrix} ^0R_n & ^0P_n \\ 0 & 1 \end{pmatrix} \tag{3-9}$$

式中,^0R_n 为旋转变换矩阵,^0P_n 为移动变换矩阵。

运动学逆问题是在已知末端的齐次变换(位置和姿态)矩阵下求出 $^{j-1}A_j$ 中所包含的关节变量。式(3-9)为具有 6 个独立变量的标量方程,运动学逆问题转化为用 6 个标量方程求出 n 个关节变量。

(1)当 $n>6$ 时,未知数多于方程数,有无穷多组解。

(2)当 $n<6$ 时,未知数少于方程数,无法得出准确解。

(3)当 $n=6$ 时,未知数与方程数相同,有确定解。

但是,由于所得到的方程组为非线性多阶方程,采用消元法求解方程时非常困难。中国的李宏友和梁崇高采用透析消元方法导出 16 次单变量多项式,得出一般结构的 6 自由度串联结构机器人共有 16 组解。对于具有多组解的机器人系统,实际控制机器人的运动只需选用其中的一组解,这就存在解的选择问题,比较合理的选择是取当前位置的“最短行程”解。

只有满足下列两个充分条件之一,才可获得显式解析解:

(1)3 个相邻关节轴交于一点。

(2)3 个相邻关节轴平行。

运动学逆问题的求解过程较为复杂,作为导论教材本课程可不作要求,详细求解可参考机器人学相关教材。

3.4   机器人轨迹规划

机器人学中的一个基本问题就是为了解决某个任务而规划机器人的动作,然后在机器人执行完成那些动作所需要的命令时控制它。规划就是对机器人达到目标而需要的行动过程进行描述。好的规划能够提高机器人的作业效率,保护机器设备。没有规划有可能得到的不是作业任务的最佳方案,即得不到问题的求解。

通过机器人的运动学可以看出,当已知机器人的关节变量时,就能够根据其运动方程,确定机器人末端的位姿;反之,已知机器人末端的期望位姿就能确定相应的关节变量。机器人的编程一般是示教出若干点,然后按照不同方法在示教点之间进行插值,形成一条路径。这种插值可以是直线,也可以是曲线,也可以分段进行。显然,路径和轨迹与受到

控制的机器人从一个位置移动到另一个位置的方法有关。

3.4.1 路径与轨迹

路径定义为机器人构型的一个特定序列,而不考虑机器人构型的时间因素。如图 3-11 所示,机器人从 A 点运动到 B 点再到 C 点,图中显示了两条路径:(1)折线 A-B-C;(2)曲线 ABC。

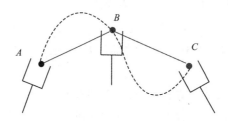

图 3-11　机器人在路径上的依次运动

机器人在这两条路径上的构型显然是不同的。轨迹与路径的定义不同,轨迹考虑了时间性,强调了到达任意一点的时间要求。例如,同样是折线路径 A-B-C,机器人到达 B 点的时间不同,则机器人的运动轨迹就不同。也就是说,不论机器人何时到达 B 点和 C 点,其路径总是一样的,而经过路径的每个部分的快慢不同,轨迹也就不同。因此,即使机器人经过相同的路径,但对于一个给定时刻,机器人在其轨迹上的点也可能不同。轨迹依赖速度和加速度,如果机器人到达 B 点和 C 点的时间不同,则相应的轨迹也不同。

3.4.2 关节空间与直角空间轨迹规划

轨迹规划可以在关节空间中进行,也可以在直角空间中进行。关节空间中的轨迹规划直接控制的是关节变量,直角空间中的轨迹规划直接控制的是机器人末端轨迹。

(1)关节空间轨迹规划:在沿轨迹选定的位置点上(称为节点或插值点)直接给定广义坐标位置、速度和加速度的一组约束(如连续性、光滑性、速度最大等)。然后,轨迹规划器从满足插值点约束的函数中选定参数进行轨迹设计。

(2)直角空间轨迹规划:直接给定机器人末端的笛卡儿坐标作业路径,例如,一条直线、一段圆弧等。然后,轨迹规划器根据末端作业路径,在关节坐标或笛卡儿坐标中确定一条与给定路径近似的轨迹。在这种方法中,路径约束是在笛卡儿坐标中给定的。

在关节空间轨迹规划中,约束的给定和机器人的轨迹规划在关节坐标系中进行。由于对机器人手部没有约束,机器人的末端路径是未知的。因此,机器人手部可能在没有事先警告的情况下与障碍物相碰。

在直角空间轨迹规划中,路径约束在笛卡儿坐标中给定,而关节驱动器是在关节坐标中受控制的。因此,为了求得一条逼近给定路径的轨迹,必须用函数近似把笛卡儿坐标中的路径约束变换为关节坐标中的路径约束,再确定满足关节坐标路径约束的参数化轨迹。直角空间轨迹规划方法的优点是概念直观,而且沿预定路径可达到相当的准确性。但需要将笛卡儿坐标和关节坐标之间进行实时变换,计算量较大,因此常常导致较长的控制间隔。

轨迹规划既可在关节空间中进行,也可在直角空间进行。对于关节空间的轨迹规划,一般要规划关节变量的时间函数及其多阶时间导数。在直角空间规划中,要规划机器人手部位置、速度和加速度的时间函数,通过机器人逆运动学,计算出相应的关节位置、速度和加速度。

3.4.3 轨迹规划的基本原理

这里以一个 2 自由度机器人为例来说明在关节空间和直角空间中进行轨迹规划的基本原理。如图 3-12 所示,要求机器人从 A 点运动到 B 点。机器人在 A 点的关节角分别是 $\alpha=20°,\beta=30°$。假设已算出机器人达到 B 点时的构型是 $\alpha=40°,\beta=80°$,同时已知两个关节运动的最大速率均为 $10°/s$。分别在关节空间和直角空间对机器人的轨迹进行规划:

(1)关节空间轨迹规划方法 1:机器人从 A 点运动到 B 点的过程中所有关节都以其最大速率 $10°/s$ 运动,也就是对机器人提出时间最快的运动要求。在这一要求下,连杆 1 用 2 s 即可完成运动,连杆 2 要用 5 s 完成运动,也就是说连杆 1 运动结束后连杆 2 还要再运动 3 s。图 3-12 中画出了手臂末端的轨迹,可见其路径是不规则的,手臂末端走过的距离也是不均匀的。

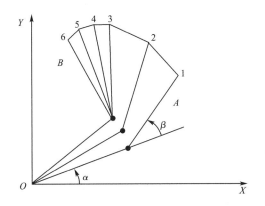

时间/s	$\alpha/(°)$	$\beta/(°)$
0	20	30
1	30	40
2	40	50
3	40	60
4	40	70
5	40	80

图 3-12 2 自由度机器人关节空间最大速度轨迹规划

(2)关节空间轨迹规划方法 2:机器人的两个关节同步运动,即同时开始、同时结束。这时两个关节以不同速度一起连续运动,即连杆 1 以 $4°/s$ 的速度进行运动、连杆 2 以 $10°/s$(最大速度)的速度运动。从图 3-13 可以看出,得出的轨迹与前面不同。该运动轨迹的各部分与方法 1 相比较为均衡,但是所得路径仍然是不规则的(机器人末端每秒行进的路程不一致)。

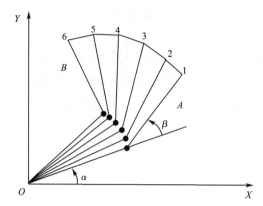

时间/s	$\alpha/(°)$	$\beta/(°)$
0	20	30
1	24	40
2	28	50
3	32	60
4	36	70
5	40	80

图 3-13　2 自由度机器人关节空间同步运动轨迹规划

（3）直角空间轨迹规划方法：根据现场环境和位置，假定希望机器人从 A 点到 B 点之间沿着某条已知路径运动，比如说直线运动，最简单的方案是沿着 A、B 两点画一条直线。如果希望机器人末端匀速运动，即每秒经过的路程相同，可以将这条路径等分。这里假设等分为 5 份，然后如图 3-14 所示计算出各点所需要的 α 和 β 值，这个过程就是在 A 点和 B 点之间插值。可以看出，这时的路径是一条直线，但关节角并非均匀变化。并且连杆在整个运动过程中的转向还发生了改变，可见连杆的角速度变化较大。虽然得到的运动是一条已知的直线，但必须计算直线上每点的关节量。并且，路径是否能严格保证直线与插值的点数相关，直线段上插值的点越多，轨迹越接近直线，但也需要计算更多的关节点。该种方法由于机器人轨迹的所有运动段都是基于直角坐标进行计算的，因此它是直角坐标空间的轨迹规划。

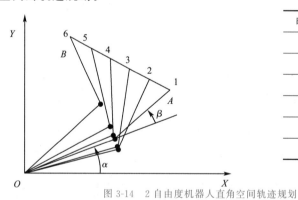

时间/s	$\alpha/(°)$	$\beta/(°)$
0	20	30
1	14	55
2	16	69
3	21	77
4	29	81
5	40	80

图 3-14　2 自由度机器人直角空间轨迹规划

3.4.4　常见关节空间轨迹规划方法

在关节空间中进行轨迹规划，需要给定机器人在起始点和终止点各个关节的位姿，然后按照一定的约束条件进行插值，得到多个插值点的关节变量。在机器人作业时，常见的插值点（示教点）有机器人抓取物体时手部的运动方向（初始点）、提升物体离开的方向（提升点）、放下物体时的方向（下放点）和停止点等节点上的位姿、速度和加速度的要求；与此相应的各个关节位移、速度、加速度在整个时间间隔内的连续性、光滑性要求，以及其极值必须在各个关节变量的容许范围之内等。满足所要求的全部约束条件之后,可以选取不同类型的关节插值函数,生成不同的运动轨迹。常用的关节空间插补方法有多项式插值、样条函数插值、摆线函数、三角函数插值等。

下面简单介绍利用多项式函数进行插值的轨迹规划方法。

设机器人在 A、B 两点之间进行运动,对应的某一关节的关节变量分别为 q_0、q_f,则该关节的速度为 $(\dot{q}_0)$、$(\dot{q}_f)$,关节的加速度为 $(\ddot{q}_0)$、$(\ddot{q}_f)$。关节空间的轨迹规划若要考虑 A、B 两点的位置和速度要求,则约束条件有 4 个,需要用 3 次多项式进行轨迹规划。若要考虑 A、B 两点的位姿、速度、加速度要求,则约束条件有 6 个,需要用 5 次多项式进行轨迹规划。这里介绍通用的 5 次多项式的轨迹规划方法。

$$q(t)=a_0+a_1t+a_2t^2+a_3t^3+a_4t^4+a_5t^5 \tag{3-10}$$

$$\dot{q}(t)=a_1+2a_2t+3a_3t^2+4a_4t^3+5a_5t^4 \tag{3-11}$$

$$\ddot{q}(t)=2a_2+6a_3t+12a_4t^2+20a_5t^3 \tag{3-12}$$

约束条件为

$$q(0)=q_0, q(t_f)=q_f$$

$$\dot{q}(0)=(\dot{q}_0), \dot{q}(t_f)=(\dot{q}_f)$$

$$\ddot{q}(0)=(\ddot{q}_0), \ddot{q}(t_f)=(\ddot{q}_f)$$

将约束条件代入式(3-10)至式(3-12)中,可得

$$\left.\begin{aligned}
&a_0=q_0 \\
&a_1=(\dot{q}_0) \\
&a_2=1/2(\ddot{q}_0) \\
&a_3=\frac{1}{2t_f^3}[20q_f-20q_0-(8\dot{q}_f)+12(\dot{q}_0)t_f-(3\ddot{q}_0-\ddot{q}_f)t_f^2] \\
&a_4=\frac{1}{2t_f^4}[30q_0-30q_f+(14\dot{q}_f+16\dot{q}_0)t_f+(3\ddot{q}_0-2\ddot{q}_f)t_f^2] \\
&a_5=\frac{1}{2t_f^5}[12q_f-12q_0-(6\dot{q}_f+6\dot{q}_0)t_f-(\ddot{q}_0-\ddot{q}_f)t_f^2]
\end{aligned}\right\} \tag{3-13}$$

利用式(3-12)可以直接求解 5 次多项式轨迹规划的表达式。

▶ **例 3-5** 机器人某连杆的转动关节,从 $q=-10°$ 静止开始运动,要想在 4 s 内使该关节平滑地运动到 $q=+70°$ 的位置后停止,用 3 次多项式插值方式规划该关节,并求出 $t=2$ s 时该关节的角位移、角速度、角加速度。

解:设三次多项式的表达式为

角位移:$q(t)=a_0+a_1t+a_2t^2+a_3t^3$

角速度:$\dot{q}(t)=a_1+2a_2t+3a_3t^2$

角加速度:$\ddot{q}(t)=2a_2+6a_3t$

将 $q(0)=-10$、$q(4)=70$，关节角速度 $\dot{q}(0)=0$、$\dot{q}(4)=0$ 代入公式，即

$$\begin{cases} a_0=0 \\ a_0+4a_1+16a_2+64a_3=70 \\ a_1=0 \\ a_1+8a_2+48a_3=0 \end{cases} \longrightarrow \begin{cases} a_0=-10 \\ a_1=0 \\ a_2=15 \\ a_3=-2.5 \end{cases}$$

则该轨迹的多项式为

$$q(t)=-10+15t^2-2.5t^3$$

当 $t=2$ s 时，该关节的角位移、角速度、角加速度分别为 $q(2)=30,\dot{q}(2)=30,\ddot{q}(2)=0$。

///////////// 练习题 /////////////

1.写出下列变换矩阵：

(1)当 O_{UVW} 坐标系统 O_{XYZ} 坐标系旋转，顺序绕 OX 轴旋转 α 角，绕 OY 轴旋转 ϕ 角，绕 OZ 轴旋转 θ 角时的合成变换矩阵。

(2)当 O_{UVW} 坐标系统 O_{XYZ} 坐标系 OY 轴旋转 ϕ 角，然后绕 OW 轴旋转 θ 角，再绕 OU 轴旋转 α 角的合成变换矩阵。

2.下面的坐标系矩阵 B 沿着参考坐标系移动距离 $d=(5,2,6)T$：

$$B=\begin{bmatrix} 0 & 1 & 0 & 2 \\ 1 & 0 & 0 & 4 \\ 0 & 0 & -1 & 6 \\ 0 & 0 & 0 & 1 \end{bmatrix}$$

求：该坐标系相对于参考坐标系的新位置。

3.求点 $P=(2,3,4)T$ 绕 x 轴旋转 $45°$ 后相对于参考坐标系的坐标。

4.写出齐次变换矩阵 $_B^A T$，它表示相对固定坐标系 $\{A\}$ 做以下变换：

(a)绕 Z 轴旋转 $90°$；(b)再绕 X 轴旋转 $-90°$；(c)最后做移动 $(3,7,9)^T$。

5.设工件相对于参考系 $\{u\}$ 的描述为 $^u T_P$，机器人基座相对于参考系的描述为 $^u T_B$，已知：

$$^u T_P=\begin{bmatrix} 0 & 1 & 0 & -1 \\ 0 & 0 & -1 & 2 \\ -1 & 0 & 0 & 0 \\ 0 & 0 & 0 & 1 \end{bmatrix}, \quad ^u T_B=\begin{bmatrix} 1 & 0 & 0 & 1 \\ 0 & 1 & 0 & 5 \\ 0 & 0 & 1 & 9 \\ 0 & 0 & 0 & 1 \end{bmatrix}$$

求：工件相对于基座的描述 $^B T_P$。

近年来,以北京时代、山东艾特尔、上海通用为代表的国产工业焊接机器人品牌强势崛起,产品构成的核心部件(如伺服电动机、减速机等)及运动控制算法已基本打破国外垄断,焊接工艺也正向"高效率、高质量、数字化"方向不断推进。

可以相信,越来越多的国产机器人品牌强势注入,必将助力机器人产业的快速发展,助力中国智能制造产业迈向更高的台阶。

第4章

机器人控制

微课4

本章任务

1. 掌握伺服电动机调速控制的基础知识。
2. 认识以直流伺服电动机为驱动器的机器人单关节控制方法。
3. 熟悉机器人控制器的硬件与软件。
4. 了解机器人控制的前沿技术。

对机器人控制系统的基础知识和理论的学习,有助于帮助设计人员设计和选择合适的机器人控制器,并使机器人按照预先设定的轨迹进行运动,满足生产需求。现阶段,中国的机器人控制系统已实现自主生产,部分核心零部件的关键技术已打破国外垄断,设计能力正在逐步增强。

本章首先从总体上概要介绍电动机调速的基础知识,然后讲解以直流伺服电动机为驱动器的机器人单关节控制方法,在此基础上对控制系统的硬件和软件进行介绍,最后介绍机器人控制的前沿技术。

4.1 伺服电动机调速控制系统

4.1.1 电动机调速控制系统的基础知识

1. 直流电动机调速控制系统

在稳定运行时,直流电动机的转速与其他参量的关系为

$$n = \frac{U - IR}{K_e \Phi} \tag{4-1}$$

式中：n 为电动机转速；U 为电枢端电压；I 为电枢电流；R 为电枢回路电阻；Φ 为励磁磁通；K_e 为与电动机结构有关的常数。

由式(4-1)可知，实现直流电动机调速的方法有三种：

①改变电枢回路电阻 R。

②改变励磁磁通 Φ。

③改变电枢端电压 U。

对于要求实现无级调速的控制系统来说，改变电枢回路电阻的方案难以实现，而改变电动机励磁磁通 Φ 的方案，虽然可以实现平滑调速，但受磁路饱和等因素限制，磁通 Φ 的变化范围有限，调速范围不可能很大，为了扩大调速系统的调速范围，往往把调磁调速作为一种辅助手段加以采用。调电动机电枢端电压 U 的方法因其调速范围宽、简单易行、负载适应性广而成为当今直流电动机调速的主要方法。

直流电动机调速一定要用到输出电压可以控制的直流电源。常用的可控直流电源因其供电电源种类的不同，可分为两种情况：

①在交流供电系统中，多用可控变流装置来获取可调直流电压。

②具有恒定直流供电的地方，常采用直流斩波电路获取可调的直流电压。

直流斩波电路可以有不同的控制方式，常见的有脉冲宽度调制(PWM)式、脉冲频率调制(PFM)式和两点式。其中，脉冲宽度调制式在电动机调速系统中应用最为广泛。在调速系统中将其与电动机组合在一起，组成 PWM-电动机系统，简称 PWM 调速系统或脉宽调速系统，图 4-1 所示为脉宽调速系统的电路原理和电压波形。

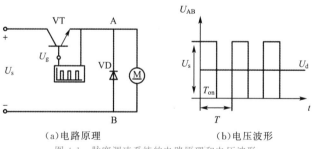

(a)电路原理　　　　　　　　(b)电压波形

图 4-1　脉宽调速系统的电路原理和电压波形

在图 4-1(a)中，当 VT 在控制信号作用下导通时，电源电压 U_s 加到电动机电枢上；当 VT 关断时，电源与电动机电枢断开，电动机经二极管 VD 续流，此时，图中 A、B 两点间电压接近零。若使晶体管反复导通，就可以得到 A、B 间电压波形[图 4-1(b)]。由电压波形来看，它就好像电源电压 U_s 在一段时间($T_{on} - T$)内被斩掉后形成的。控制信号(VT 的基极信号)改变，就会改变输出的直流平均电压 U_d，进而可改变电动机的转速。

直流电动机的调速，就是根据电动机的使用工况改变其转速，以满足产品质量和生产率的要求。为了对调速系统进行定量分析，常定义下列指标来评价调速系统的主要性能。

（1）调速范围

电动机所提供的最高转速与最低转速之比称为调速系统的调速范围。常用字母 D 来表示，即

$$D = \frac{n_{\max}}{n_{\min}} \tag{4-2}$$

式中，$n_{\max}$、$n_{\min}$ 通常指电动机带额定负载时的转速值。但对于正常工作时负载很轻的生产机械，可考虑取实际负载下的转速。

（2）静差率

在研究电动机的调速方法时，不能单从可能得到的最高转速和最低转速来决定调速范围。为了保证生产机械的工作质量，势必需要调速系统的转速稳定性要好。转速的变化主要由负载变化引起，反映负载变化对转速影响的指标被定义为静差率，其定义为调速系统在额定负载下的转速降落与对应理想空载转速的比值。静差率用字母 s 表示，即

$$s = \frac{n_0 - n}{n_0} = \frac{\Delta n_{\text{nom}}}{n_0} \tag{4-3}$$

对于一般系统来说，s 越小，说明系统转速的相对稳定性越好。而对同一系统而言，静差率不是定值，电动机工作速度降低时，静差率就会变大。

图 4-2 给出了系统两条稳定的工作特性，对应于电枢上两个不同的外加电压。对于调压调速来说，两条特性是平行的，在负载相同时，两种情况下转速降落值是相同的，若是额定负载，两者的速降均为 Δn_{nom}。根据静差率 s 的定义，因为 $n_{01} > n_{02}$，显然有 $s_1 < s_2$。由此可以得到一个明确的结论：调速系统只要在调速范围的最低工作转速时满足静差率要求，则其在整个调速范围内都会满足静差率要求。

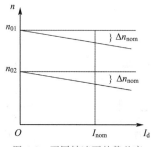

图 4-2　不同转速下的静差率

以上，仅就调速系统的主要稳态性能指标进行了讨论。此外，调速系统还应在稳定工作的基础上满足相关的动态性能指标要求。就对系统的总体评价而言，有时还定义调速的平滑性、调速的经济性指标等。

2. 交流电动机调速控制系统

交流电动机有异步电动机（感应电动机）和同步电动机两大类，不同电动机具有不同类型的调速方法。

对于异步电动机而言，在多相对称绕组中通入多相平衡的交流电流，可产生转速恒定的旋转磁场，其转速称为同步转速 n_1。若以 f_1 表示电源频率，ω_1 表示电源角频率，p_n 表示电动机极对数，则有

$$n_1 = \frac{60\omega_1}{2\pi p_n} \tag{4-4}$$

异步电动机的实际转速 n 总是低于同步转速 n_1 的,转速差 $n_1 - n$ 与 n_1 的比值称为转差率 s,其表达式为

$$s = \frac{n_1 - n}{n_1} \tag{4-5}$$

显然,人为改变同步转速 n_1 或转差率 s,都能调节转速。

综合式(4-4)与式(4-5),可以解出异步电动机转速的表达式为

$$n = \frac{60 f_1}{p}(1-s) \tag{4-6}$$

定子传入转子的电磁功率 p_m 可以分成两个部分:一部分 $p_{\text{mech}} = (1-s)p_m$ 是拖动负载的有效功率,称为机械功率;另一部分 $p_s = sp_m$ 是传给转子回路的转差功率,与转差率 s 成正比。从能量转换的角度出发,转差功率是否增大,是消耗掉还是得到回收,是评价调速系统功率高低的主要指标。

在同步电动机的变压变频调速方法中,从频率控制的方式来看,可分为他控变频调速和自控变频调速两类。后者利用转子磁极位置的检测信号来控制变压变频装置换相,类似于直流电动机中电刷和换向器的作用,因此有时又称作无换向器电动机调速,或无刷直流电动机调速。

各种调速方式的性能对比见表4-1。

表 4-1 各种调速方式的性能对比

交流电动机的种类与调速方式			调速设备	调速比	调速性能	效率	适用负载
异步电动机	调极对数 p	变换极对数	变极笼型电动机、极数变换器	2:1—4:1	不平滑调速	高	恒转矩恒功率
	调转差率 s 笼型电动机	调定子电压	定子外接电抗器、电磁调压器、晶闸管交流调压器	1.5:1—10:1	不平滑调速或平滑调速	低	恒转矩
		转差离合器调速	电磁转差离合器调速	3:1—10:1	平滑调速	低	恒转矩
	绕线转子电动机	调转子电阻	多级或平滑变阻器晶闸管直流开关	2:1	不平滑调速或平滑调速	低	恒转矩
		机械式串级调速	转差功率经整流器供电给直流电动机-交流发动机组,再反馈电网	2:1	平滑调速	较高	恒转矩
		电气串级调速	转差功率经硅整流器-逆变器向电网反馈	2:1—4:1	平滑调速	较高	恒转矩
	调定子频率 f_1 或转子频率 f 笼形电动机	调定子频率的同时控制定子电压或转差率	变频器或整流器与逆变器	2:1—10:1	平滑调速	高	恒转矩恒功率
	绕线转子电动机	调转子频率的同时控制转子电压	变频器或整流器与逆变器	4:1—20:1	平滑调速	高	恒转矩恒功率

(续表)

交流电动机的种类与调速方式			调速设备	调速比	调速性能	效率	适用负载
同步电动机	调定子频率 f_1	定子频率与定子电压协调控制	变频器或整流器与逆变器	2∶1—10∶1	平滑调速	高	恒转矩

4.1.2 伺服电动机的调速方法

伺服电动机是自动控制系统中广泛应用的一种执行元件,其作用是把接收的电信号转换为电动机转轴的角位移。按电制种类的不同,伺服电动机可分为直流伺服电动机及交流伺服电动机,本节将以直流伺服电动机为例,介绍电动机的调速方法。

直流伺服电动机的转速控制方法可以分为 2 类,即对磁通 Φ 进行控制的励磁控制和对电枢电压 U_a 进行控制的电枢控制,实际上后者使用较多。在运动控制系统中,人们往往希望直流伺服电动机的调速过程是稳定的,这就对调速系统提出了以下 3 个要求:

(1)调速。要求系统能够在指定的调速范围内平滑地调节转速。

(2)稳速。要求系统能够以一定的精度在所需转速上稳定运行,不能有过大的转速波动,转速降落应保持在可控的范围内。

(3)加、减速。对频繁启动和制动的设备,要求加、减速尽量快;对不宜经受剧烈速度变化的机械,要求启动和制动尽量平稳。

直流伺服电动机的调速范围、静差率和额定转速降落之间有确定的函数关系。其中,调速范围和静差率取决于生产加工工艺要求,无法变更。而唯一能够做到的就是减小额定负载下的转速降落。

如何才能减小转速降落呢?目前使用的主流控制方式是反馈控制。对于无反馈控制的开环调速系统来说,依据直流电动机转速公式可得,额定转速降落值为

$$\Delta n_{\text{nom}} = \frac{I_{\text{dnom}} R}{C_e} \tag{4-7}$$

式中:R 为电枢回路的总电阻,为系统固有参数,在恒磁通调压系统中仍应看成常数;I_{dnom} 为对应额定负载的电流,也是固定的。

所以,一般开环系统是无法满足一定调速范围和静差率性能指标的要求。开环系统无法减小 Δn 的原因是,当负载增大时,电枢电压仍为定值。如果能在负载增加的同时设法增大系统的给定电压 U_n^*,就会使电动机电枢两端的电压 U_d 增大,电动机的转速就会升高。若 U_n^* 的增加量大小合适,就可以使因负载增加而产生的 Δn 被 U_d 升高而产生的速升所弥补,结果会使转速 n 接近保持在负载增加前的值上。这样,既能使系统有调速能力,又能减小稳态速降,使系统具有满足要求的调速范围和静差率。但转速波动的随机性、频繁性及调整的快速性等要求不同,单靠人工调整是难以实现的。

在图 4-3 中,与调速电动机同轴接一测速发电动机 G,这样就可以将电动机转速 n 的大小转换成与其成正比的电压信号 U_n,把 U_n 与 U_n^* 相比较,用其差值去控制晶闸管整流装置,进而控制电动机电枢两端的电压 U_d,就可以达到控制电动机转速 n 的目的。

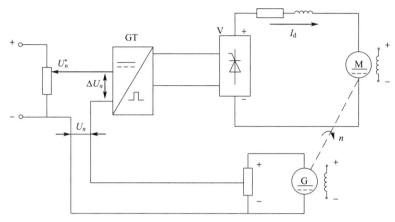

图 4-3　转速闭环调速系统

电压信号 U_n 反映了电动机的转速，并被反送到输入端参与了控制，故称作转速反馈。又因为 U_n 极性与给定信号 U_n^* 相反，所以进一步称为转速负反馈。当电动机负载增加时，n 下降，U_n 下降，U_n^* 不变，$\Delta U_n = U_n^* - U_n$ 增大，晶闸管整流器输出电压 U_d 增高，电动机转速上升，使转速接近原来值；而在负载减小、转速 n 上升时，U_n 增大，ΔU_n 下降，U_d 相应降低，电动机转速 n 下降到接近原来转速。

综上所述，这种系统是把反映转速 n 的电压信号 U_n 反馈到系统输入端，与给定电压 U_n^* 比较，形成了一个闭环。由于反馈作用，系统可以自行调整转速，通常把这种系统称作闭环控制系统。因为是反馈信号的作用，才能达到自动控制转速的目的，所以常把这种控制方式称作反馈控制。

4.2　以直流伺服电动机为驱动器的单关节控制

4.2.1　单关节系统的数学模型

直流伺服电动机有两种物理结构实现位置控制，即位置加内部电流反馈的二环结构，或位置速度加电流反馈的三环结构。无论是哪一种结构，都需要建立直流伺服电动机数学模型，并以此为基础。

如图 4-4 所示，直流伺服电动机输出转矩 T_m 经速比 $i = n_m/n_s$ 的齿轮箱驱动负载轴。下面研究负载轴转角 θ_s 与电动机的电枢电压 U 之间的传递函数。

$$T_m = K_c I \tag{4-8}$$

式中，K_c 为电动机的转矩常数，$N \cdot m/A$；I 为电枢绕组电流，A。

电枢绕组电压平衡方程为

$$U - K_b \mathrm{d}\theta_m/\mathrm{d}t = L \mathrm{d}I/\mathrm{d}t + RI \tag{4-9}$$

式中：θ_m 为驱动轴角位移，rad；K_b 为电动机反电动势常数，V/(rad/s)；L 为电枢电感，H；R 为电枢电阻，Ω。

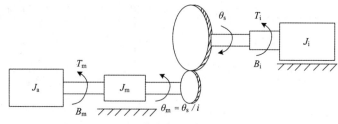

图 4-4 单关节电机负载模型

对式(4-8)和式(4-9)做拉氏变换，得

$$T_m(s) = K_c \frac{U(s) - K_b s \theta_m(s)}{L_s + R} \tag{4-10}$$

驱动轴的转矩平衡方程为

$$T_m = (J_a + J_m) \mathrm{d}^2 \theta_m / \mathrm{d}t^2 + B_m \mathrm{d}\theta_m / \mathrm{d}t + T_i \tag{4-11}$$

式中：J_a 为电动机转子转动惯量，kg·m²；J_m 为关节部分在齿轮箱驱动侧的转动惯量，kg·m²；B_m 为驱动侧的阻尼系数，N·m/(rad/s)；T_i 为负载侧的总转矩，N·m。

负载轴的转矩平衡方程为

$$T_i = J_i \mathrm{d}^2 \theta_s / \mathrm{d}t^2 + B_i \mathrm{d}\theta_s / \mathrm{d}t \tag{4-12}$$

式中：J_i 为负载轴的总转动惯量，kg·m²；θ_s 为负载轴的角位移，rad；B_i 为负载侧的阻尼系数，N·m/(rad/s)。

将式(4-11)和式(4-12)做拉氏变换，得

$$T_m(s) = (J_a + J_m) s^2 \theta_m(s) + B_m s \theta_m(s) + T_i(s) \tag{4-13}$$

$$T_i(s) = (J_i s^2 + B_i s) \theta_s(s) \tag{4-14}$$

联合式(4-10)、式(4-13)和式(4-14)，并考虑 $\theta_m(s) = \theta_s(s)/i$，可得

$$\frac{\theta_m(s)}{U(s)} = \frac{K_c}{s[LJ_{eff} s^2 + (J_{eff} R + B_{eff} L)s + B_{eff} R + K_c K_b]} \tag{4-15}$$

式中：J_{eff} 为电动机轴上的等效转动惯量，$J_{eff} = J_a + J_m + i^2 J_i$；$B_{eff}$ 为电动机轴上的等效阻尼系数，$B_{eff} = B_m + J_m + i^2 B_i$。

式(4-15)描述了输入控制电压 U 与驱动轴转角 θ_m 的关系。根据齿轮箱的速比 $i = n_m / n_s$，进一步得到输入控制电压 U 与负载轴转角 θ_s 的开环传递函数为

$$\frac{\theta_s(s)}{U(s)} = \frac{iK_c}{s[LJ_{eff} s^2 + (J_{eff} R + B_{eff} L)s + B_{eff} R + K_c K_b]} \tag{4-16}$$

由于机器人驱动电动机的电感 L 一般很小（小于 10 mH），而电阻约为 1 Ω，所以对式(4-16)忽略电感，并化简为

$$\frac{\theta_s(s)}{U(s)} = \frac{iK_c}{s[J_{eff} Rs + B_{eff} R + K_c K_b]} \tag{4-17}$$

为了构成对负载轴的角位移控制器，必须进行负载轴的角位移反馈，即用某一时刻 t

所需要的角位移 θ_d 与实际位移 θ_s 的差值作为输入电压来控制系统。则有误差电压为

$$U(t) = K_\theta(\theta_d - \theta_s) \tag{4-18}$$

$$U(s) = K_\theta[\theta_d(s) - \theta_s(s)] \tag{4-19}$$

联立式(4-17)至式(4-19),得出单位反馈位置控制系统的闭环传递函数,即

$$\frac{\theta_s(s)}{\theta_d(s)} = \frac{iK_\theta K_c}{RJ_{eff}s^2 + (RB_{eff} + K_c K_b)s + iK_\theta K_c} \tag{4-20}$$

此控制器闭环传递函数框图如图 4-5 所示。

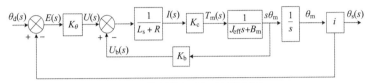

图 4-5 控制器闭环传递函数框图

由式(4-20)可以得到,输出角位移 θ_s 与指令输入角 θ_d 的比值正比于两个常数(一个是转矩常数 K_c,另一个是位置反馈增益 K_θ)。K_θ 是位置传感器的输出电压与输入、输出轴间角度差的比值,称为位置反馈增益。

<h3>4.2.2 单关节位置和速度控制</h3>

由图 4-5 可知,此负反馈控制系统实际上就是带速度反馈的位置闭环控制系统。速度负反馈的引入可增加系统的阻尼比,改善系统的动态品质,使机器人得到更理想的位置控制性能。取式(4-20)中分母为 0,此等式就是该函数的特征方程,该函数确定了系统的阻尼比和无阻尼振荡频率,即

$$RJ_{eff}s^2 + (RB_{eff} + K_c K_b)s + iK_\theta K_c = 0 \tag{4-21}$$

式(4-21)可改写成

$$s^2 + 2\zeta\omega_n s + \omega_n^2 = 0 \tag{4-22}$$

式中:ζ 为阻尼比;ω_n 为无阻尼振荡频率。

联立式(4-21)、式(4-22),得出系统的无阻尼振荡频率 ω_n 和阻尼比 ζ 分别为

$$\omega_n = \sqrt{\frac{K_\theta K_c}{RJ_{eff}}} \tag{4-23}$$

$$\zeta = \frac{RB_{eff} + K_c K_b}{2\sqrt{iK_\theta K_c RJ_{eff}}} \tag{4-24}$$

二阶系统的特性取决于它的无阻尼振荡频率 ω_n 和阻尼比 ζ。为防止机器人与周围环境物体发生碰撞,希望系统具有临界阻尼或过阻尼,即要求系统的阻尼比 $\zeta \geqslant 1$。另外,在确定位置反馈增益 K_θ 时,必须考虑机器人关节部件的材料刚度和共振频率 ω_s,它与机器人关节的结构、刚度、质量分布和制造装配质量等因素有关,并随机器人的外形、位置等的不同而发生变化。

假设已知机器人在空载时的惯性矩为 J_0,测出的结构共振频率为 ω_0,则加负载后,其惯性矩将增至 J,此时相应的结构共振频率为

$$\omega_s = \omega_0 \sqrt{\frac{J_0}{J}} \tag{4-25}$$

为了保证机器人能稳定工作、防止系统振荡,R.P.Paul 在 1981 年建议,将闭环系统无阻尼振荡频率 ω_n 限制在关节结构共振频率的一半以内,即

$$\omega_n \leqslant 0.5\omega_s \tag{4-26}$$

根据这一要求来调整位置反馈增益 K_θ。由于 $K_\theta > 0$,则有

$$0 < K_\theta \leqslant \frac{J_0}{4K_c}\omega_0^2 \tag{4-27}$$

因此,位置反馈增益 K_θ 的最大值由式(4-27)确定。

4.3　机器人控制器的硬件和软件

机器人控制系统种类很多,目前常见的运动控制从结构上主要分为以单片机为核心的机器人控制系统、以 PLC 为核心的机器人控制系统、以 DSP 为核心的机器人控制系统,以及基于 IPC＋运动控制卡的机器人控制系统。

4.3.1　以单片机为核心的机器人控制系统

单片机是最早用于运动控制器的微处理器,也是典型的微控制器(MCU)。TM32F 系列单片机如图 4-6 所示。单片机采用超大规模集成电路技术把具有数据处理能力的中央处理器(CPU)、随机存储器(RAM)、只读存储器(ROM)、多种 I/O 端口和中断系统、定时器/计时器等功能集成到一块硅片上,构成集成电路芯片。

功能强大的单片机还包括显示驱动电路、脉宽调制电路、模拟多路转换器、A/D 转换器等。单片机是世界上数量最多的微处理器。早期的单片机是 4 位或 8 位的,例如 Intel 公司的 8031。此后 MCS51 系列单片机得到了快速发展。20 世纪 90 年代后,32 位单片机成了市场主流,主频也得到不断提高。

图 4-6　TM32F 系列单片机

以单片机为核心的机器人控制系统是把单片机(MCU)嵌入运动控制器中构成的,能够独立运行并且带有通用接口方式,方便其他设备与之通信。这种控制系统具有电路原

理简洁、运行性能优良、系统成本低等优点,但其系统运算速度、数据处理能力与 PLC、DSP 处理器相比明显不足,且抗干扰能力较差,难以满足高性能机器人控制系统的要求。

4.3.2　以 PLC 为核心的机器人控制系统

可编程逻辑控制器(PLC)采用可编程的存储器,用于其内部存储程序,执行逻辑运算、顺序控制、定时、计数与算术操作等面向用户的指令。典型的 PLC(三菱系列 PLC)如图 4-7 所示。

图 4-7　三菱系列 PLC

PLC 由于具有较强的功能和高可靠性,因此在机器人控制系统中得到了广泛的应用。从早期的替代继电器逻辑控制装置逐渐扩展到过程控制、运动控制、位置控制和通信网络等诸多领域。

PLC 由于其独特的结构和工作方式,使它的系统设计内容和步骤与继电器控制系统及计算机控制系统都有很大区别,主要表现就是允许硬件电路和软件分开进行设计。这一特点,使得 PLC 的系统设计变得简单和方便。

利用 PLC 进行机器人运动控制系统设计的主要内容如下:

(1)设计内容。它包括控制系统的总体结构论证、PLC 的机型选择、硬件电路设计、软件设计以及组装调试等。

(2)控制系统总体方案选择。在详细了解被控制对象的结构以及仔细分析系统的工作过程和工艺要求后,就可列出控制系统应有的功能和相应的指标要求。以此为基础,可根据对不同控制方案的了解,通过对比的方式进行取舍,最终可以拟定出满足特定要求的控制系统的总体方案。总体方案通常包括主要负载的拖动方式、控制器类别、检测方式和联锁要求等。

(3)PLC 的机型选择。PLC 的机型选择就是为系统选择一台具体型号的 PLC,此时要考虑的因素包括 I/O 点数的估算、内存容量的估算、响应时间的分析、输入/输出模块的选择、PLC 的结构以及功能等。

(4)硬件电路设计。硬件电路设计是指除用户应用程序以外的所有电路设计,它包括负载回路、电源的引入及控制、PLC 的输入/输出电路、传感器等检测装置,以及显示电路和故障保护电路等。

（5）软件设计。软件设计就是编写用户应用程序，它是在硬件设计的基础上进行的，利用 PLC 丰富的指令系统，根据控制的功能要求，配合硬件功能，使软件和硬件有机结合，达到要求的控制效果。

图 4-8 所示是 PLC 系统的设计流程，图中确定控制对象及控制范围这一步非常重要。控制对象的确定可以有两个含义：一是从整个系统的角度逐个明确控制目标，每个目标的实现可能有不同的路径；二是经过分析确定有哪些对象由 PLC 进行控制，余下的对象可采用普通电气的控制电路。如果这项工作做得不好，则很可能会增加 PLC 的 I/O 点数，而控制系统的电路结构并没得到相应的优化，最终造成成本的无意义增加。

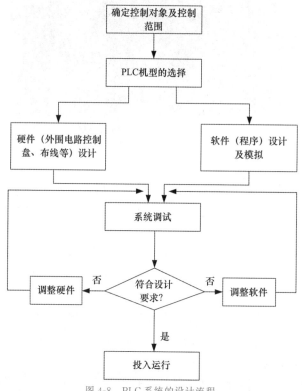

图 4-8　PLC 系统的设计流程

4.3.3　以 DSP 为核心的机器人控制系统

DSP 微处理器以数字信号来处理大量信息，其工作原理是接收模拟信号，将模拟信号转换为 0 或 1 的数字信号，再对数字信号进行处理，并在其他系统芯片中把数字信号解译回模拟信号或实际环境格式。世界上第一片 DSP 芯片是 AMI 公司在 1978 年推出的 S2811。1979 年，美国 Intel 公司推出了 2920。美国德州仪器公司（TI 公司）在 1982 年成功推出其第一代 DSP 芯片 TMS32010 及其系列产品。第一片高性能的浮点 DSP 芯片是 AT&T 公司于 1984 年推出的 DSP32。飞思卡尔（Freescale）公司在 1986 年推出了定点处理器 MC56001。典型的 DSP 微处理器（芯片）如图 4-9 所示。

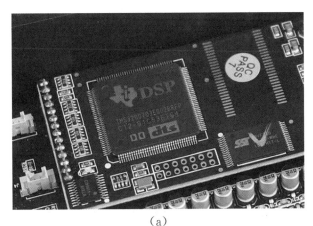

（a）

（b）

图 4-9 典型的 DSP 微处理器（芯片）

DSP 微处理器（芯片）具有如下主要特点：

（1）在一个指令周期内就可完成一次乘法和一次加法。

（2）程序和数据存储空间分开，可实现同时访向指令和数据。

（3）片内具有快速 RAM，通常可通过独立的数据总线快速访问。

（4）具有低开销或无开销循环及跳转的硬件支持。

（5）快速的中断处理和硬件 I/O 支持。

（6）具有可在单周期内操作的多个硬件地址产生器。

（7）可以并行执行多个操作。

（8）支持流水线操作，使取址、译码和执行等操作可重叠执行。

DSP 不仅可编程，而且每秒可实时运行数千万条复杂程序指令，远远超出通用微处理器。DSP 微处理器一般采用哈佛结构或改进的哈佛结构，如图 4-10 所示。

哈佛结构的最大特点是独立的数据存储空间和程序存储空间，独立的数据总线和程序总线，允许 CPU 同时执行指令和取数据操作，从而提高了系统运算速度。硬件乘法器和乘加指令 MAC 更适合深度运算，例如快速傅立叶变换（FFT）。因此，机器人高性能、多轴联动驱动装置多采用 DSP 进行开发。

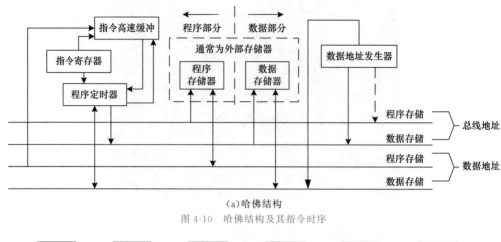

（a）哈佛结构

图 4-10　哈佛结构及其指令时序

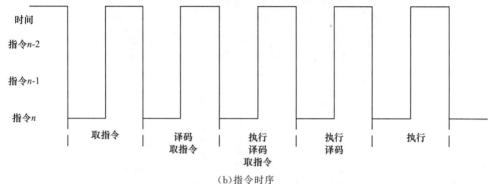

（b）指令时序

续图 4-10　哈佛结构及其指令时序

4.3.4　基于 IPC＋运动控制卡的机器人控制系统

基于 IPC＋运动控制卡的机器人控制系统为开放式系统，其硬件构成如图 4-11 所示。采用上、下位机的二级主从控制结构；IPC 为主机，主要实现人机交互管理、显示系统运行状态、发送运动指令、监控反馈信号等功能；运动控制卡以 IPC 为基础，专门完成机器人系统的各种运动控制（包括位置方式、速度方式和力矩方式等），主要是数字交流伺服系统及相关的信号输入、输出。IPC 将指令通过 PC 总线传送到运动控制器，运动控制器根据来自 IPC 的应用程序命令，按照设定的运动模式，向伺服驱动器发出指令，完成相应的实时控制。

该控制系统的 IPC 和运动控制卡分工明确，具有运行稳定、实时性强、满足复杂运动的算法要求、抗干扰能力强、开放性强等特点。基于 IPC＋运动控制卡的机器人控制系统将是未来机器人控制系统的主流。

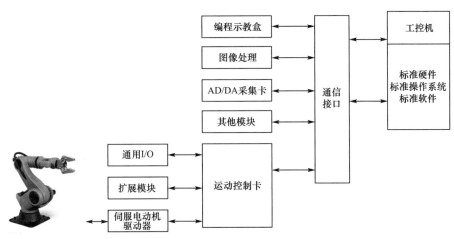

图 4-11 基于 IPC+运动控制卡的工业机器人控制系统硬件构成

下面从机器人的应用角度,分析开放式伺服控制系统的常用控制方法。采用运动控制卡控制伺服电动机,通常使用以下两种指令方式。

(1)数学脉冲指令方式。这种方式与步进电动机的控制方式类似,运动控制卡向伺服驱动器发送"脉冲/方向"或"CW/CCW"类型的脉冲指令信号。脉冲数量控制电动机转动的角度,脉冲频率控制电动机转动的速度,伺服驱动器工作在位置控制模式,位置闭环由伺服驱动器完成。采用此种指令方式的伺服系统是一个典型的硬件伺服系统,系统控制精度取决于伺服驱动器的性能。该控制系统具有调试简单、不易产生干扰的优点,但缺点是伺服系统响应稍慢、控制精度不高。

(2)模拟信号指令方式。在这种方式下,运动控制卡向伺服驱动器发送±10 V 的模拟电压指令,同时接收来自电动机编码器的位置反馈信号。伺服驱动器工作在速度控制模式,位置闭环控制由运动控制卡实现,如图 4-12 所示。在伺服驱动器内部,位置控制环节必须首先通过数/模转换,最终是应用模拟量实现的。速度控制环节减少了数/模转换步骤,所以驱动器对控制信号的响应速度快。该控制系统具有伺服响应快、可以实现软件伺服、控制精度高等优点,缺点是对现场干扰较敏感、调试较复杂。

在图 4-12 中,把位置环从伺服驱动器移到运动控制卡上,在运动控制卡中实现电动机的位置闭环控制,伺服驱动器实现电动机的电流环控制和速度环控制,这样可以在运动控制卡中实现一些复杂的控制算法,来提高系统的控制性能。

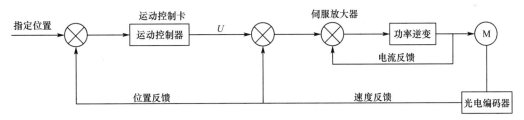

图 4-12 伺服控制系统软件控制框图

4.4 机器人控制前沿技术

4.4.1 多传感器信息融合技术

所谓多传感器信息融合(Multi-sensor Information Fusion,MSIF),就是利用计算机技术将来自多传感器或多源的信息和数据,依据一定的准则实现自动分析和综合,以完成所需要的决策和估计而进行的信息处理过程。

为了使目标信息更加精确、身份识别更加准确,将来自多个相同或不同类型传感器的信息进行综合处理的过程称为信息融合。信息融合的本质是对多源信息进行处理和综合的过程。通过相应的融合模型和算法对多传感器获得的数据进行预处理、关联、估计和决策,以获取更加精确的信息并提高信息的质量,为不同领域的应用奠定基础。信息融合应用于原始数据层的处理、特征抽象层的处理、决策层的处理等各个阶段,相应地,在不同层次融合处理的过程中应用不同的算法来解决融合过程中遇到的问题。受传感器自身性能、外部环境干扰等的影响,传感器接收的数据具有不确定性,利用多传感器进行信息融合能够将获得的不确定性信息进行互补,合理地对信息进行推理和决策。

多传感器信息融合的过程与人体感知外界环境并做出决策的过程相类似,如图 4-13 所示。人体通过视觉、听觉、嗅觉、味觉,以及触觉感知周围环境信息,再通过神经系统传递信息到大脑,然后多源信息在大脑完成融合,最后大脑根据一定的条件和经验给出合适的应对措施。

在此过程中,复杂的决定由大脑完成,而这些决定是以神经系统带来的能力——感知信息和发送信息为基础。大脑通常利用多个感官的输入,彼此补充且互为验证,以确定正在发生的事件并做出决定。在这种情况下,由大脑整合后的信息多于不同感官输入信息的总和。多传感器融合也起到类似的作用,通过整合来自多个传感器的输入实现更加准确和可靠的感应,以及更高水平的识别。

多传感器信息融合是人类和许多其他生物普遍具有的一种能力。人类本能地具有将身体上的各种感觉器官(眼、耳、鼻、四肢)所探测获得的信息(景物、声音、气味和触觉)与先验知识进行综合分析的能力,以便对周围的环境和正在发生的事件做出事态估计。由于人类的感官具有不同的度量特性,因而可测出不同空间范围内发生的各种物理现象,这一信息处理过程是复杂的,同时也是自适应的,它能将各种信息转化为对判断环境信息具有一定价值的解释。多传感器信息融合实际上是对人脑的复杂信息处理功能的一种仿真模拟,通过把多个传感器获得的信息按照一定的规则进行组合、归纳、推断和决策以得到对观测对象的一致性解释和描述。人体信息处理过程与多传感器信息融合的类比如图 4-13 所示。

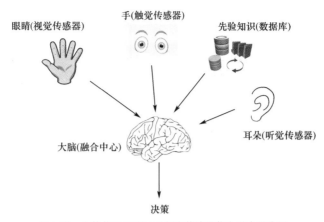

图 4-13　人体信息处理过程与多传感器信息融合的类比

1. 多传感器信息融合技术体系构架

根据数据处理方法的不同,多传感器信息融合系统的体系架构有三种:分布式、集中式和混合式。

(1)分布式多传感器信息融合系统结构

如图 4-14 所示,融合过程是先对各个独立传感器所获得的原始数据进行局部处理,再将结果送入信息融合中心进行智能优化组合来获得最终的结果。分布式系统对通信带宽的要求低,计算速度快,可靠性和延续性好,但跟踪精度没有集中式高。

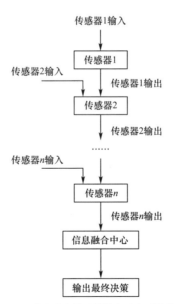

图 4-14　分布式多传感器信息融合系统结构

(2)集中式多传感器信息融合系统结构

如图 4-15 所示,融合过程是将各传感器获得的原始数据直接送至中央处理器进行融合。集中式系统可以实现实时融合,优点是数据处理的精度高、算法灵活;缺点是对处理器的要求高、可靠性较低、数据量大,故难于实现。

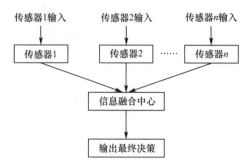

图 4-15　集中式多传感器信息融合系统结构

(3)混合式多传感器信息融合系统结构

如图 4-16 所示,部分传感器采用集中式融合方式,剩余的传感器采用分布式融合方式。混合式系统具有较强的适应能力,兼顾了集中式融合和分布式融合的优点,稳定性强。混合式系统的结构比前两种融合方式复杂,这样就加大了通信和计算上的难度。

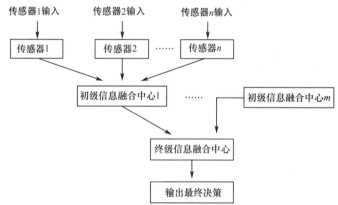

图 4-16　混合式多传感器信息融合系统结构

三种传感器融合系统的对比见表 4-2。

表 4-2　三种传感器融合系统的对比

融合方式	分布式	集中式	混合式
信息损失	大	小	中
精度	低	高	中
通信带宽	小	大	中
融合处理	容易	复杂	适中
融合控制	复杂	容易	适中
可扩充性	好	差	中
计算速度	快	慢	中
可靠性	高	低	高

多传感器的使用会导致需要处理的信息量增加,甚至包含相互矛盾的信息。其对如何保证系统快速的处理数据,过滤无用、错误的信息,从而保证系统最终做出及时、正确的决策十分关键。

多传感器信息融合过程中软、硬件难以分离,但算法是重点和难点,其拥有很高的技术壁垒。多传感器融合的理论方法有贝叶斯准则法、卡尔曼滤波法、D-S 论据理论法、模糊集理论法、人工神经网络法等。

2. 多传感器信息融合技术在机器人领域内的应用

多传感器信息融合技术的应用基础是各种实用的多传感器系统,多传感器系统与机器人相结合,形成感觉机器人和智能机器人。感觉机器人与智能机器人的界限不是非常明确,一般认为感觉机器人拥有一定的感觉,但只有低级的智能,没有复杂的信息处理系统,只能在结构化的环境中从事简单的工作;而智能机器人能认识工作环境、工作对象及其状态,它能根据人们给予的指令和"自身"认识外界的结果来独立的决定工作方法,利用操作机构和移动机构实现任务目标,并能适应工作环境的变化。多传感器信息融合系统与机器人结合起来,就构成了智能机器人。

多传感器信息融合系统在机器人领域内主要有以下几个方面的应用。

(1)移动机器人

自主自导的移动机器人需要一些固定式机器人所不需要的特殊传感器。从安全方面考虑,非常有必要为移动机器人配备多个传感装置。如使机器人避免碰撞或利用传感器反馈的信息进行引导、定位,以及寻找目标等的装置,这些装置包括接触式触觉传感器、接近觉传感器、局部及整体位置传感器和水平传感器等。这种机器人属于智能型机器人,它在很多方面都得到了应用,如工业用材料运输车、军事哨兵、照顾病人、家务劳动、平整草坪和真空吸尘等。

移动机器人所需要的(局部和整体位置信息都可能需要)最重要也是最难的传感器系统之一就是定位装置。这种位置信息的准确度对确定机器人控制对策也是非常重要的,因为机器人作业的成功率与机器人定位的准确性直接相关。事实上,安装轴角编码器对短距离来说可提供准确信息,而由于轮子打滑以及其他因素,对长距离可能造成大的累积误差。所以,一些可修整确定位置的整体方法也是需要的。

在移动式机器人车中安装有一种整体定位系统,其在使用整体定位装置时可能还需要把一幅地图编程输入机器人的存储器中,这样即可根据其当前位置和预期位置拟定对策。例如,移动机器人上的测距装置可测出其与周围环境中各物体的距离,经进一步处理,即可得出一幅地图。

(2)传感器与集成控制

一台智能机器人可能采用很多种传感器,把传感的信息和存储的信息集成起来,形成控制规则也是重要的问题。在某些情况下,一台计算机就完全能够控制机器人。在某些复杂系统中,移动机器人或柔性制造系统可能要采用分层的、分散的计算机。一台执行控制器可用来完成总体规划,它把信息传递给一系列专用的处理器以控制机器人的各个功能,并从传感器系统接收输入信号。不同的层次可用于完成不同的任务。一台具有高级语言能力的大型中心微处理器,与在一条公共总线上的若干台较小的微处理器相连,可提供一种分层控制的执行方式。这样,规划可包括在主控制器中,而高速动作可由分散的微处理器控制。

分散的传感器和控制系统在许多方面都很像人类的中枢神经系统。人类的很多动作可由脊柱神经网络控制,而无须大脑的意识控制。这种局部反应和自主功能对人类的生存来说是必要的。如何让机器人具有这类功能也是非常重要的。对机器人这类机构的研究能使人们进一步理解如何才能让机器人工作得更像人类。

4.4.2　智能导航与规划技术

随着信息科学、计算机技术,人工智能及现代控制等技术的发展。人们尝试采用智能导航与规划的方式来解决机器人运行的安全问题,这既是作为机器人相关研究和开发的一项核心技术,同时也是机器人能够顺利完成各种服务和操作(如安保巡逻、物体抓取)的必要条件。

以专家系统与机器学习的应用为例。机器人导航与规划的安全问题一直是机器人面临的重大课题,针对受限条件下人为干预因素导致机器人自动化程度低等问题,在导航与规划上减少人的参与并逐步实现机器人避碰自动化是解决人为因素的根本方法。自 20 世纪 80 年代以来,国内外在智能导航与规划技术方面取得了重大发展。实现智能导航的核心是实现自动避碰,为此许多专家、学者从各个领域,尤其是结合人工智能技术的进步和发展,致力于解决机器人的智能避碰基础问题。机器人自动避碰系统由数据库、知识库、机器学习和推理机等构成。

其中,位于机器人本体上的各类导航传感器会收集本体及障碍物的运动信息,并将所收集的信息输入数据库。数据库主要存放来自机器人本体传感器和环境地图的信息以及推理过程中的中间结果等数据,供机器学习与推理机构随时调用。

如图 4-17 所示,机器人知识库主要包括机器人避碰规则、专家对避碰规则的理解和认识模块、根据机器人避碰行为和专家经验所推导的研究成果模块、机器人运动规划的基础知识和规则模块、实现避碰推理所需要的算法及其结果模块、由各种产生式规则形成的若干个基本避碰知识模块等。避碰知识库是机器人自动避碰决策的核心部分,通过知识工程的处理将其转化成可用的执行动作。所谓知识工程,即从专家和文献中选取有关特定领域的信息,将其模型表示成所选定的知识形式,根据专家意见及机器人实际避碰规划来规定具体的避碰规划方式,其根本目的是给推理机构的推理过程提供充分的和必需的知识。

机器学习的目的是使计算机能够自动获取知识。对于避碰这样一个动态、时变的过程,要求系统具有实时掌握目标动态变化的能力,这样依据知识库编制的避碰规划才会具有类似人的应变能力。所建造的智能导航与规划系统性能的好坏,取决于机器学习的质量,学习质量是通过学习的真实性、有效性和抽象层次这三个标准来衡量的。为提高智能导航与规划系统的性能,系统设计中可采用"算法"作为学习的表示形式,采用"归纳学习"

作为学习策略。方法选定以后,在推理机构的帮助下,决定从知识库中调用哪类算法进行计算、分析和判断,这样可以避免学习的盲目性,提高学习的有效性。学习的真实性取决于"算法"对现实的反映程度,学习的抽象层次取决于对知识库选择的准确性。

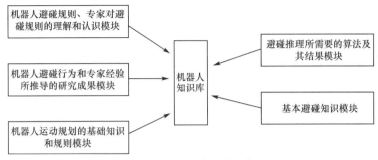

图 4-17　机器人知识库组成

推理机构的重要作用是确定如何对知识库进行有效的使用,并控制和协调各环节工作。在系统中采取知识库与推理机构组成一体的方式,保证推理机构可以控制机器学习的各个环节,使其学习具有针对性。推理过程应用启发式搜索法,以保证推理结果的正确性、可行性以及搜索结果的唯一性。在这种启发式搜索控制下,避碰规划就在系统学习与推理的过程中产生与优化。

自动避碰的基本过程包括以下几点:

(1)确定机器人的静态参数和动态参数。机器人的静态参数包括机器人本体长、宽以及负载等;动态参数包括机器人速度及方向、在全速情况下至停止所需要的时间及前进距离、在全速情况下至全速倒车所需要的时间及前进距离、机器人第一次避碰时机等参数值。

(2)确定机器人本体与障碍之间的相对位置参数。根据机器人本体的静态参数和动态参数及障碍物可靠信息(位置、速度、角度、距离等),确定机器人本体与障碍物之间的相对位置参数。这些相对位置参数包括相对速度、相对速度方向、相对角度等。

(3)根据障碍物参数分析机器人本体的运动态势。判断哪些障碍物与机器人本体存在碰撞危险,并对危险目标进行识别,这种识别主要包括确定机器人与障碍物的碰撞态势、根据机器人与障碍物碰撞局面分析结果、调用相应的知识模块求解机器人避碰规划方式及目标避碰参数,并对避碰规划进行验证。此外,在自动避碰的整个过程中,要求系统不断监测所有环境的动态信息,不断核实障碍物的运动状态。

未来的机器人智能导航与规划系统将成为集导航(定位、避碰)、控制、监视、通信于一体的机器人综合管理系统,更加重视信息的集成。综合应用专家系统,来自雷达、GPS、罗经、计程仪等设备的导航信息,以及来自其他传感器等测量的环境信息、机器人本体状态信息和知识库中的其他静态信息,实现机器人运动规划的自动化(包括运行规划管理、运行轨迹的自动导航和自动避碰等),最终实现机器人从任务起点到任务终点的全自动化运行。

4.4.3 智能控制与操作技术

机器人的控制与操作包括运动控制和操作过程中的自主操作与遥操作。随着传感技术以及人工智能技术的发展，智能运动控制和智能操作已成为机器人控制与操作的主流。

在机器人运动控制方法中，比例-积分-微分控制（PID）、计算力矩控制（CTM）、鲁棒控制（RCM）、自适应控制（ACM）等是几种比较典型的控制方法。然而，这几种控制方法都存在一些不足：

①PID控制实现虽然较简单，但设计系统的动态性能不好。

②CTM、RCM和ACM三种控制方法能给出很好的动态性能，但都需要机器人数学模型方面的知识。CTM要求机械手的数学模型精确已知；RCM要求已知系统不确定性的边界；ACM要求明确机械手的动力学结构形式。

这些基于模型的机器人控制方法对缺少传感器信息、未规划的事件和机器人作业环境中的不熟悉位置都非常敏感。所以，传统的基于模型的机器人控制方法不能保证设计系统在复杂环境下的稳定性、鲁棒性和整个系统的动态性能。此外，这些控制方法不能积累经验和学习人的操作技能。为此，近二十年来，以神经网络、模糊控制和进化计算为代表的人工智能理论与方法开始应用于机器人控制。机器人的智能控制方法包括定性反馈控制、模糊控制以及基于模型学习的稳定自适应控制等，采用的神经模糊系统包括线性参数化网络、多层网络和动态网络。机器人的智能学习因采用逼近系统，降低了对系统结构的需求，在未知动力学与控制设计之间建立了桥梁。

神经网络控制是基于人工神经网络的控制方法，具有学习能力和非线性映射能力，能够解决机器人复杂的系统控制问题。如图4-18所示，机器人控制系统中应用的神经网络有直接控制、自校正控制、并联控制等结构。

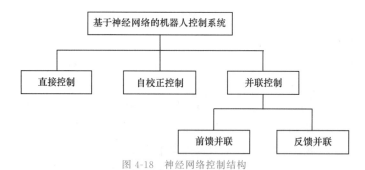

图4-18　神经网络控制结构

（1）神经网络直接控制结构是利用神经网络的学习能力，通过离线训练得到机器人的动力学抽象方程。当存在偏差时，网络就产生一个大小正好满足实际机器人动力特性的输出，以实现对机器人的控制。

（2）神经网络自校正控制结构是以神经网络作为自校正控制系统的参数估计器，当系统模型参数发生变化时，神经网络对机器人动力学参数进行在线估计，再将估计参数送到控制器以实现对机器人的控制。由于该结构不必将系统模型简化为解耦的线性模型，且对系统参数的估计较为精确,因此控制性能明显提升。

(3)神经网络并联控制结构可分为前馈并联和反馈并联两种。前馈并联神经网络可以学习机器人的逆动力特性,并控制驱动力矩与一个常规控制器前馈并行,以实现对机器人的控制。当这一驱动力矩适合时,系统误差很小,常规控制器的控制作用较低;反之,常规控制器起主要控制作用。反馈并联控制是在控制器实现控制的基础上,由神经网络根据目标与实际的动态差异产生校正力矩,使机器人达到期望的动态特性。

4.4.4 智能交互技术

人机交互的目的在于实现人与机器人之间的沟通,消融两者之间的交流界限,使人们可以通过语言、表情、动作或者一些可穿戴设备实现人与机器人自由的信息交流与理解。如图 4-19 所示,随着机器人技术的发展,人机交互的方式在不断革新与发展。一方面,机器人技术的革新发展大大促进了人类生产、生活方式的进步,在给人类提供极大便利的基础上极大地提高了工作效率;另一方面,人机交互的实现将人工智能与机器人技术有机结合,很好地促进了人工智能技术的发展,使越来越多的机器人更合理高效的服务人类。

图 4-19 机器人人机交互示意

1. 基于可穿戴设备的人机交互

作为信息采集的工具,可穿戴设备是一类超微型、高精度、可穿戴的人机最佳融合的移动信息系统,直接穿戴在用户身上,可以与用户紧密地联系在一起,为人机交互带来更好的体验感。基于可穿戴设备的人机交互由部署在可穿戴设备上的计算机系统实现,在用户佩戴好设备后,该系统会一直处于工作状态。基于设备自身的属性,可主动感知用户的当前状态、需求以及外界环境,并且使用户对外界环境的感知能力得到增强。由于基于可穿戴设备的人机交互使人们具有良好的体验,经过几十年的发展,基于可穿戴设备的人机交互逐渐扩展到各个领域。

在民用娱乐领域,基于全息影像技术,通过可穿戴设备能够实现虚拟的人机交互。用户可以通过佩戴穿藏式的头盔 Oculus Rif 体会身处虚拟世界中的感觉,并可以在其中任意穿梭。2015 年,微软推出的 HoloLens 眼镜使人们可以通过眼镜感受到画面投射到现实中的效果。

在医疗领域,通过使用认知技术或脑信号来认知大脑的意图,实现观点挖掘与情感分析。如基于脑电信号信息交互的 Emotiv,可以通过对用户脑电信号的信息采集,实现对用户的情感识别,进而实现用意念进行实际环境下的人机交互,以此来帮助残障人表达自己的情感。

在科研领域,实现了面向可穿戴设备的视觉交互技术。在佩戴具有视觉功能的交互设备后,通过视觉感知技术来捕捉外界交互场景的信息,并结合上、下文信息理解用户的交互意图,使用户在整个视觉处理过程中担当决策者,以此来实现可穿戴设备的有效视觉交互。

2. 基于深度网络的人机交互学习

人作为一个智能体,基于对外界的感知认知,表现出人类运动、感知、认知能力的多样性与不确定性,因此需要建立以人为中心的人机交互模式,通过多种模态的融合感知来实现对人类活动的认识。为此,可以借助多种传感设备将多种模态下传递的信息整理融合感知认知,去理解人类的行为动作,包括一些习惯和爱好等,用以解决机器人操作的高效性、精确性与人类动作的模糊性、不稳定性的匹配问题,实现人机交互对人类行为动作认识的自然、高效和无障碍。

在人机智能交互中,对人类运动行为的识别和长期预测称为意图理解。机器人通过对动态情境的充分理解,完成动态态势感知,理解并预测协作任务,实现人和机器人互适应自主协作功能。在人机协作中,人作为服务对象,处于整个协作过程的中心地位,其意图决定了机器人的响应行为。除了语言之外,行为是人表达意图的重要手段。因此,机器人需要对人的行为姿态进行理解和预测,继而理解人的意图。

行为识别是指检测和分类给定数据流的人类动作,并估计人体关节点的位置,通过识别和预测的迭代修正得到具有语义的长期运动行为预测,从而达到意图理解的目的,为人机交互与协作提供充分的信息。早期,行为识别的研究对象是跑步、行走等简单行为,背景相对固定,行为识别的研究重点集中于设计表征人体运动的特征。随着深度学习技术的快速发展,现阶段行为识别所研究的行为种类已近上千种。近年利用 Kinect 视觉深度传感器获取人体三维骨骼信息的技术日渐成熟,根据三维骨骼的时空变化,利用长短时记忆的递归深度神经网络分类识别行为是解决该问题的有效方法之一。但是,在人机交互场景中,行为识别主要是对整段输入数据进行处理,不能实时处理片段数据,能够直接应用于实时人机交互的算法还有待进一步研究。

当机器人意识到人需要它执行某一任务时,如接住水杯放到桌子上、拿起书本翻开对应页数等,机器人将采取相应的动作完成任务需求。由于人与机器人交互中的安全问题的重要性,需要机器人实时地规划出无碰撞的机械臂运动轨迹。比较有代表性的方法如利用图搜法以及面向操作任务的动态运动基元表征等。近年来,利用强化学习的"试错"训练来学习运动规划的方法也得到了关注,强化学习方法在学习复杂操作技能方面具有优越性,在交互式机器人智能轨迹规划中具有良好的应用前景。

随着人工智能技术的迅猛发展,基于可穿戴设备的人机交互也正在逐渐改变着人类的生产和生活,实现人机和谐统一将是未来的发展趋势。

////////////// 练习题 //////////////

1. 什么是调速范围? 调速范围与静差率及额定负载下的转速降落有什么关系? 如何在满足静差率要求的前提下扩大调速范围?

2. 某直流调速系统,其高、低速静特性如图 4-20 所示,$n_{01} = 1\ 450$ r/min,$n_{02} = 145$ r/min,试问系统可达到的调速范围是多少? 系统允许的静差率是多少?

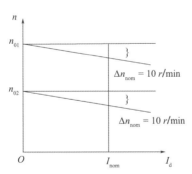

图 4-20 直流调速系统高、低速静特性

3. 直流伺服电动机的转速控制方法分成哪几类? 各类的工作原理是什么?

4. 试分析单片机和 DSP 处理器的主要特点。

5. 浅谈机器人知识库的组成及分类。

　　机器人是面向工业领域的多自由度机械装置,它能靠自身动力和控制能力实现各种功能(如自动识别、自动加工),本章所涉及的人机交互在未来会越来越多的应用于生产场景,通过人机界面可连接 PLC、仪表、伺服电动机等硬件,利用触摸屏、输入单元写入工作参数,实现人与机器人的信息交互。

　　此外,随着机器人、自动化或信息化系统的进一步发展,生产过程中通过数据的采集与处理,实现人与机器人、机器人与机器人之间的信息传递将会变得更加便捷,也必将助推我国工业 4.0 的快速发展。

第 5 章

机器人的系统集成技术

微课5

　　智能制造技术是在现代传感技术、人工智能技术、自动化技术等先进技术的基础上,通过智能化的感知、人机交互、深度学习等方式方法来实现设计过程、制造过程智能化的,是信息技术和智能技术与装备制造过程技术深度融合的产物。智能制造贯穿于制造业的研发设计、生产制造、经营管理和售后服务,是一种崭新的全过程生产方式。工业机器人是制造业皇冠顶端的一颗明珠,其研发、制造、应用是衡量一个国家科技创新和高端制造业水平的重要标志。中国 2014 年至今一直保持着全球机器人第一大应用市场的称号,中国工业机器人产业加速向高端产品、人工智能领域迈进,正从机器人应用大国转变为创新大国。

5.1　机器人系统集成技术概述

5.1.1　系统集成简介

　　工业机器人系统集成技术需要掌握产品的设计能力,对终端用户的工艺理解,还需要具备丰富的项目经验,具备各种行业标准化、自动化装备的开发能力。从机器人产品出发,工业机器人的制造开发是机器人产业发展的基础,而工业机器人系统集成则推动了工业机器人的大规模普及。相对于本体设备商的技术垄断性和高利润率,系统集成商壁垒低、利润更低,但是占据的市场规模大。

工业机器人系统集成历史发展可以分为三条路线:欧洲模式、日本模式和美国模式。

欧洲模式:常采用 ERP 交钥匙工程,即根据用户的需求,设计研发完整的产线,包括工业机器人本体和相关配套设备,以及对客户的培训,使客户在项目对接完成后可以直接生产经营。

日本模式:对客户需求分层交付,机器人本体厂商完成对机器人的供货,其子公司或下游公司完成项目的相关配套设备的设计、研发、安装,从而配合完成交钥匙工程。

美国模式:采购与成套设计相结合,由于美国本土并不生产机器人本体设备,因此当企业需要机器人及相关设备时,往往通过向日、欧采购本体,再自行设计配套设备的方式,为客户提供交钥匙工程,其核心技术主要在机器人系统集成。

中国的系统集成虽然起步较晚,但其发展集合了欧洲、日本和美国三种模式,中国智能制造市场全球最大,具备完整的工业产业链。中国的机器人产业正逐步走向成熟,国内既有数量惊人的机器人本体研发与制造企业,又有上万家机器人系统集成商。

5.1.2 系统集成的应用方向

机器人本体是系统集成的中心,系统集成是对机器人本体的二次开发,机器人本体的性能决定了系统集成的高度,系统集成的水平拓展了机器人本体的使用广度。机器人本体是一个机器,需要系统地集成配套一些机构,比如抓手、焊接机、涂装设施等,这些配套机构连接到机器人本体上,机器人才能正常运行。中国的机器人系统集成产业要想赶超国际先进水平,还需要从三个方面进行突破。第一,目前中国东部沿海地区具备大量的系统集成企业,而中西部地区系统集成企业偏少,且规模普遍很小,应从宏观层面推出响应扶持政策鼓励中西部集成企业发展。第二,机器人产业还缺乏拥有自主知识产权的芯片。机器人是高端制造行业,芯片对于机器人产业来说举足轻重。第三,机器人算法及软件发展滞后,伺服系统中自带的软件库功能不多,加上国外企业对高级功能的诸多限制,让一部分客户不得不购买进口机器人,这也导致进口机器人的价格居高不下。

机器人系统集成的最终客户大致可以分为两类:汽车行业客户和一般工业产品客户。汽车行业属于资金与技术密集型的大型工业,其带动一系列零、部件的产业链,因此产品的标准性和稳定性尤为重要。整车厂和多数零部件厂都会优先选用适合自己的机器人集成商为自身提供自动化生产线,如图 5-1 所示。

机器人系统集成在一般工业中的使用主要涉及食品、石化、金属加工、医药、3C、家电、烟草、包装等。一般工业的系统集成的典型应用有焊接机器人、喷涂机器人、码垛搬运机器人、打磨机器人、装配机器人等工作站或生产线。工业机器人系统集成设计主要包括如下步骤和办法:

图 5-1 汽车模拟生产线示意

（1）对工作任务进行解析。由于工作任务明确了系统设计的各项内容，因此我们必须对任务内容进行确切解析，如外型的选择、工艺软件的应用、工作设备和外部设备的选择。如果不能对工作任务进行明确解析，系统集成设计是无法取得预期成效的，严重者还会造成全面错误。

（2）对工作装备进行合理选择。对于工业机器人而言，工作装备担任着执行机构的角色，利用它执行各种加工动作。如果缺少了工作装备，机器人是无法进行作业的。在对工作装备进行选择的时候，应当以工作任务为核心，明确工业机器人在作业中的具体操作，如焊接、抛光、码垛等，同时还能够结合加工产品的具体要求来确定加工工艺的水准（图5-2、图 5-3）。要让工业机器人全面发挥出功效，以达到工艺标准，必须合理对工作装备进行选择和设计。除此以外，还需要明确工业机器人的选型，选型占据着非常重要的地位，关系到整体的造价成本。

图 5-2 机器人焊接工作站

图 5-3 码垛工作站

现如今,国内外市场出现了众多品牌的工业机器人,并且这些品牌的技术特征以及优势都是不一样的。首先,我们应当按照工作任务所规定的内容,合理挑选适用的工业机器人品牌。其次,要充分结合工作设备、作业对象、工作环境等方面,明确工业机器人的负载量、最大移动范围、防护等级等各项性能指标。最后,要确定所需要的机器人的具体型号。在明确具体型号以后,我们还需要进一步考虑工艺软件、外部设备、端口等。要在符合工作任务具体规定的首要条件下,尽可能地选择更先进的控制系统,端口数量更多,且配置了工艺软件的型号,要为工业机器人留下充足的升级空间。

(3)对离线软件进行适当挑选。当遇到比较复杂的工艺时,工业机器人应用系统就有必要应用离线软件。离线软件不仅能帮助操作者对机器人的工作路径进行优化,同时还能够对工艺参数进行科学管理,而且还具备点位示教的功能。通常情况下,离线软件主要和三维建模软件共同应用。

(4)对外控系统的核心控制器件进行合理选择。通常情况下,工业机器人的核心控制器主要是可编程控制器。对部分特殊产品进行加工,特别是对工艺的连续性、加工时间都具有很高、很精确的要求时,必须充分考虑可编程控制器的 I/O 延迟是否会对加工工艺带来负面影响。若存在负面影响,则需要重新设计嵌入式系统。此外,外部设备的通信方式要尽可能使用工业现场总线,这有助于降低外控设备的装配时间,同时还可有效提高系统运行的可靠性,并大幅节约维护成本。在对外控系统进行设计时,必须认真对待其安全问题。通常情况下,外控系统涉及的安全问题主要包括:操作人员的人身安全;外控设备的运行安全;急停系统的运行安全;安全光栅的运行安全。

(5)对系统进行装配和调试。在安装系统时,必须详细解读并严格遵守有关的施工规范,确保施工质量不会出现问题。在对系统进行调试时,应当充分考虑各种可能出现的情况,及时发现问题并进行反馈。在安装和调试系统的过程中,安全是必须高度重视的问题,必须严格按照安全操作的章程进行。

5.1.3 系统集成相关设计软件

1.机械设计软件

机械设计行业的大体趋势是由传统的平面设计转向三维结构设计,市场上的主流设计软件有 Pro/E、UG、Catia、SolidWorks 等。这些 CAX 综合三维设计的应用可以缩短产品设计周期,在一个平台上就可以完成零件设计、装配、CAE 分析、工程图绘制、CAM 加工、数据管理等,大大提高了机器人系统集成企业的工作效率。

Pro/E 软件进入中国市场比较早,占领了很多小公司的市场份额。Pro/E 界面简单,操作方便,曲面建模有很大的曲线自由度,但同时不容易很好地控制曲线。

UG、Catia 两款软件在操作上略好于 Pro/E,该两款软件普遍应用于汽车和航空领域,特别是 Catia 作为波音公司的专用设计平台,其曲面造型和 CAM 都有非常突出的优势。针对模具设计、汽车设计、CAM 加工等都有独立的设计模块。

SolidWorks 软件是世界上第一个基于 Windows 开发的三维 CAD 系统,由于其技术创新符合 CAD 技术的发展潮流和趋势,SolidWorks 公司于两年间成为 CAD/CAM 产业中获利最高的公司。SolidWorks 软件功能强大,组件繁多,同时兼容了中国的设计国标。

SolidWorks 具有功能强大、易学易用和技术创新三大特点,这使其成了领先的、主流的三维 CAD 解决方案。SolidWorks 能够提供不同的设计方案、减少设计过程中的错误以及提高产品质量,而且对每个工程师和设计者来说,它操作简单方便、易学易用。因此,在机器人系统集成行业,多数公司选择使用 SolidWorks 作为机械设计软件。其界面如图 5-4 所示。

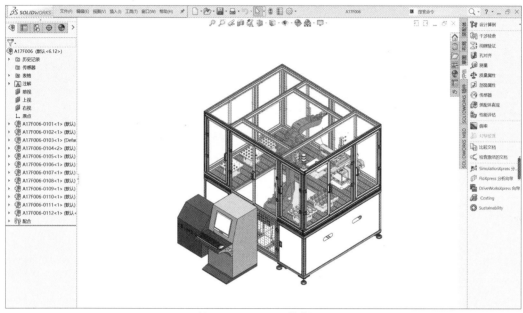

图 5-4 SolidWorks 软件界面

2. 机器人仿真软件

随着仿真技术的发展,仿真技术应用趋于多样化、全面化。最初仿真技术是作为对实际系统进行试验的辅助工具,而后又用于训练,现在仿真系统的应用包括系统概念研究、系统可行性研究、系统分析与设计、系统开发、系统测试与评估、系统操作人员培训、系统预测、系统使用与维护等方面。仿真技术作为工业机器人技术的发展方向之一,在工业机器人应用领域中扮演着极其重要的角色,它的应用领域已经发展到军用以及与国民经济相关的各个重要领域。常见的工业机器人仿真软件有 RobotArt、RobotMaster、RobotWorks、RobotCAD、DELMIA、RobotStudio 等。市场上常用的工业机器人仿真软件有安川机器人的 MotoSimEG-VRC、FANUC 机器人的 RoboGuide、KUKA 机器人的 KUKA Sim、CATIA 公司的 DELMIA、西门子公司的 Siemens Tecnomatix 等。其中 RobotArt、DELMIA 是国内首款商业化离线编程仿真软件,支持多种品牌工业机器人的离线编程操作,如 ABB、KUKA、FANUC、Yaskawa、Staubli、KEBA 系列、新时达、广数等。国产软件有新松机器人、华数机器人、广数机器人、埃夫特机器人等公司开发的系列软件,这类国产软件一般只兼容本公司机器人硬件产品的离线仿真。

本章中的机器人工作站选择案例用的工业机器人均为 ABB 公司的产品,因此所选用的机械手的仿真软件是 RobotStudio。该软件是一个 PC 应用程序,可用于工业机器人单元进行离线编程和仿真。该软件可将 CATIA、SolidWorks、3D MAX、CAD 等软件上各种形式的制图文本导入其中,对各式模块进行坐标的建立,同时 RobotStudio 也自带简单的建模功能。RobotStudio 软件还可以自动生成路径,可根据导入的图纸实现自动路径规划功能。其界面如图 5-5 所示。

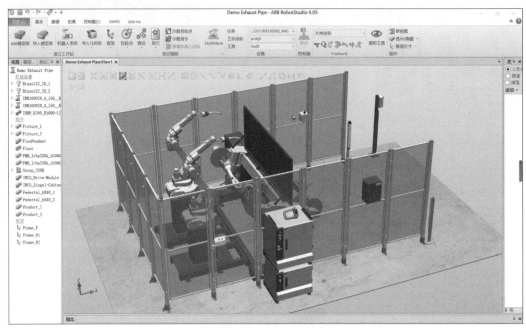

图 5-5　RobotStudio 软件界面

3. 电气设计软件

TIA 博途是全集成自动化软件 TIA Portal 的简称,是西门子最新的全集成自动化软件,是未来西门子软件编程的方向。TIA Portal 将 PLC 编程软件、运动控制软件、可视化的组态软件集成在一起,形成强大的自动化软件。它是业内首个采用统一的工程组态和软件项目环境的自动化软件,几乎适用于所有自动化任务。借助 TIA 全新的工程技术软件平台,用户能够快速、直观地开发和调试各种自动化系统。

TIA Portal 为用户提供 Portal 视图和项目视图,用户可以在两种不同的视图中进行切换,选择合适的编程视图。

在博途软件的 Portal(门户)视图中可以概览自动化项目的所有任务,可以借助面向任务的用户指南,来选择最适合自动化任务的编辑器来进行工程组态。选择不同的"入口任务",可处理"启动""设备与网络""PLC 编程""运动控制 & 技术""可视化""在线与诊断"等各种工程任务。在已经选择的任务入口中均可以找到相应的操作,如选择"启动"任务后,可以进行"打开现有项目""创建新项目""移植项目""关闭项目"等操作。创建新项目或打开现有项目后,在"开始"任务下,可以进入"组态设备""创建 PLC 程序""组态工艺对象""组态 HMI 画面"等界面进行相关操作。其界面如图 5-6 所示。

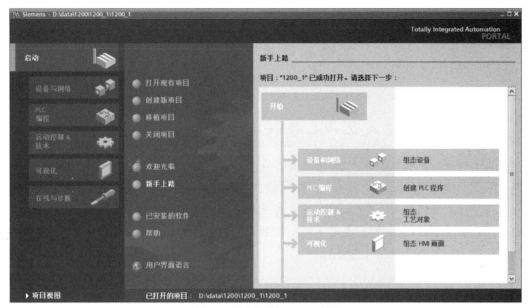

图 5-6　博途软件的 Portal 视图

在博途软件的项目视图中,整个项目按多层次结构显示在项目树中。在项目视图中可以直接访问所有的编辑器、参数和数据,并进行高效的工程组态和编程。本教材主要使用的项目视图如图 5-7 所示。

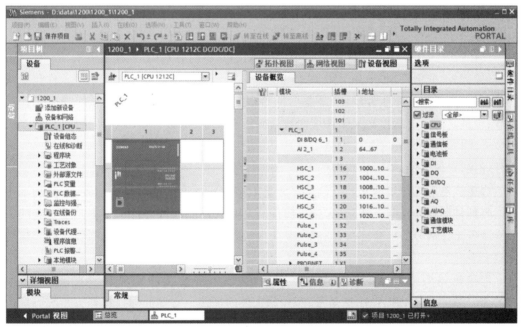

图 5-7　博途软件的项目视图

5.2　工业机器人工作站的设计应用

5.2.1　焊接机器人工作站设计概述

　　人工焊接是一项对准确率、精细度要求较高,既繁重又对身体有害的体力劳动,而机器人的自动化焊接的诞生使人的双手得到很大的解放。如今,几乎所有乘用车企业都采用焊接机器人来代替人工进行车身、底盘等重要零部件的焊接加工,这在提高生产率、压缩生产成本的同时,也大大地提高了汽车零部件的焊接质量,使产品具有良好的互换性,从而获得了较高的经济与社会效益。

　　焊接机器人工作站可以单独使用,也可以作为生产线的一部分对工件进行焊接。单独的焊接机器人在焊接时会受机械臂作业空间限制,较难完成复杂工件及大型工件的焊接工作,末端执行器的可达性会受到奇异位(死点)形成影响,出现无法达到,或者位姿不正确,效率不高且质量难以保证等情况。为了高质量、高效率地完成焊接任务,且顺应焊接自动化的发展,由机器人和变位机组成的焊接工作站,或者多机器人组成的焊接工作站应运而生,促使焊接机器人工作站有了较大的优化,因此企业逐渐采用这种多轴机器人系统协调完成焊接任务。

　　1.焊接工作站概述

　　焊接机器人工作站的硬件包括整个机械结构,具体包含 ABB 焊接机器人、焊机、送丝机构、控制柜、变位机、底座和下机架等,如图 5-8 所示。焊接机器人工作站的软件包括两个部分:一是机器人作业程序;二是整个控制系统的 PLC 控制程序。焊接机器人工作站的软、硬件之间主要承担与工作环境的数据交流与控制、焊接设备的自动化作业、变位机焊装夹具自动化的协调控制、安全防护等。它采用模块化的、面向对象的编程方法来完成工件焊接、焊丝进给、变位机旋转的 PLC 编程任务。

　　焊接机器人工作站的安装与调试部分是工作站建设工作中的核心内容,主要在工作站的零部件制造和采购工作完成之后进行,是对系统性能进行评价的重中之重。安装主要实现各工作部分的组合连接;调试主要实现机器人工作程序和系统控制程序的校核与测试。

　　焊接机器人工作站的原理如图 5-9 所示,该工作站能够完成尺寸在 300 mm×300 mm×300 mm 以内的小型矩形、圆柱状工件的焊接。完整的焊接机器人系统一般由工业机器人、变位机、控制器、焊接系统(专用焊接电源、焊枪或焊钳等)、焊接传感器、中央控制计算机和相应的安全设备等组成。

　　(1)工业机器人:1 台瑞士 ABB 公司生产的 IRB 1660ID-6 弧焊机器人,6 kg 负载,控制器 IRC5 带示教器,机器人最大工作半径为 1 550 mm。机器人选型采用市场占有率轻大的 ABB 机器人作为焊接机械手,搭建企业真实的工作环境。

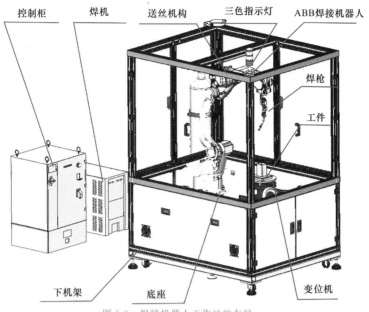

图 5-8　焊接机器人工作站的布局

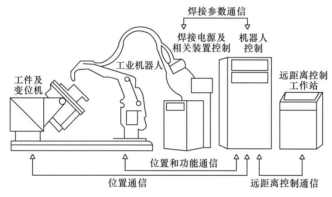

图 5-9　焊接机器人工作站的原理

(2)焊接电源:可根据焊接件的实际需求来选。国产的有麦格米特、奥太、东升等,日系有松下、OTC 等,欧美系有福尼斯、肯比、林肯等。本工作站选用国产麦格米特,用来控制弧焊操作,根据加工工件的不同进行电焊电流的设定。

(3)送丝机构:焊接机器人启动之后,第一个工作步骤就是穿丝,利用电气控制系统控制气缸动作,使右夹具和梳理辊处于松开状态,同时控制伺服电动机运动,使右夹具移动到起始焊接工位;操作人员将丝穿入左、右夹具构成丝网。

(4)周边控制柜(内有西门子的 S7-1200 系列 PLC、ET200S 分布式 I/O):是整个控制系统指挥中心,当机器人处于外部控制时,由 PLC 发布指令。

(5)带有触摸屏 HMI(西门子 TP270-10)的操作台:用于检测系统状态,为系统发送外部指令。

（6）一套水气单元系统（内装有电气比例阀、流量计、手动排水阀等）：用来检测工作站的水、气是否准备好，并符合要求。

（7）上料台、变位机：一般情况下根据工件来确定非标工装台、单轴翻转变位机、双轴变位机、工装夹具，实现工件定位的关键设备，以及其他附属周边设备。

（8）安全光栅、弧光防护设备及安全门：系统重要的安全保障设备。

2. 工作站工艺流程（图 5-10）

（1）焊接机器人穿丝完成后，操作人员夹紧左夹具，在触摸屏上选择产品类型，并确认。设备中的 PLC 收到触摸屏的产品类型信号和确认信号后，执行相应产品对应的程序。

（2）工作台上夹具气缸杆伸出，压紧工件，到位后相应磁性传感器发出接点信号。

（3）待 PLC 接收到磁性传感器信号，就会给机器人送出"夹具定位完成"和"第一焊接工位"信号，机器人移至第一焊接工位开始焊接工作，并送"焊接中"状态信号给 PLC。

（4）当焊接机器人第一焊接工位完成后，给焊接机器人设备 PLC 送"焊接完成"状态信号，收到信号后，电气控制系统控制气缸顶杆收回，松开工件。

由此循环往复，直到所有焊接工序完成，单击触摸屏上的"完成"按钮，PLC 收到"完成"信号后，控制伺服电动机运动至焊接起始位置，处于工作预备状态。

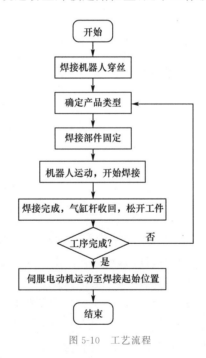

图 5-10　工艺流程

3. 机器人通信

ABB 机器人和焊机电源通信一般有两种方式：一种是通过 ABB 标准板块 I/O（DSQC651、DSQC1030 和 DSQC1032）和焊机通信；另一种是通过 DeviceNet 和焊机通信。本案例中同时采用两种通信方式进行冗余通信。

硬件连接方式如采用 DeviceNet 通信,以麦格米特焊机电源为例,需要交互的轮巡数据为 12 字节的输出、13 字节的输入类型,焊机电源内部 I/O 分配见表 5-1。

表 5-1 焊接电源内部 I/O 分配

机器人发送的字节		
名称	地址	备注
开始焊接	E00	
机器人准备就绪	E01	
Bit0 焊机工作模式	E02	0:直流一元化;1:脉冲一元化;2:JOB 模式;
Bit1 焊机工作模式	E03	3:断续焊;4:分别模式
Bit2 焊机工作模式	E04	
双丝焊主机选择	E05	
气体检测	E08	
点动送丝	E09	
反抽送丝	E10	
焊机故障复位	E11	
寻位是能	E12	
清枪气阀开关	E13	
JOB 模式:JOB 号	E16-E23	
程序号	E24-E30	
焊接仿真	E31	仿真时不出功率
焊接给定电流/送丝速度	E32-E47	
焊接给定电压/一元化修正值	E48-E63	
直流:电弧特性		
脉冲:频率 & 电流	E64-E71	使能位无法使用
JOB 模式:JOB 号		
回烧时间修正值	E72-E79	使能位无法使用
焊接行走速度	E86-E95	使能位无法使用

5.2.2 冲压机器人工作站设计概述

冷冲压是一种以金属材料或者非金属材料为原材料的基本塑性加工方法,利用冲压设备上模具的往复运动,对常温状态下的材料施加压力,使板料分离或产生塑性变形,从而获得所需要的尺寸及形状的零件。冲压加工已经广泛应用于大规模生产中,在现代工业生产中发挥着重要作用。冲压生产的优点如下:由模具、自动化冲压设备和自动化送料装置相互配合,生产率高;冲压加工相比于其他加工方法,产生的废料较少且废料可二次利用,在原材料利用上占有优势,材料利用率高;通过冲压设备的简单冲压,可得到精度高、刚度好、零件尺寸均一性和互换性好的零件；操作简单，便于大批量生产，易于实现自动化和机械化，生产率进一步提高；对工人的技术要求并不高。

冲压技术在五金、电子、机电产品、汽车及零部件行业、航空航天和导弹武器等行业中被广泛应用。冲压技术在效率和实用性方面的优势使其在制造业中有着不可替代的作用。巨大的需求并没有使得国内的冲压技术尽快地完成自动化，在相关行业中，冲压设备依然为人工操作。人工操作很难满足快节奏、高负荷的生产要求，在生产中成了制约生产率的关键，在面对产品技术含量以及产品更新换代更快的现代化生产模式的挑战时，越来越多的企业希望改变传统生产方式，降低人工成本。

因此，在国内冲压行业中，全面的技术升级和企业转型已经是大势所趋，应用现代计算机技术和制造技术对产业进行改进，将单一压力机生产线变为自动换冲压生产线，提高工件的生产质量和生产率。企业在完成冲压生产线自动化的任务中，首先希望充分升级改造现有的冲压设备以达到新生产线的要求，尽量避免购置新的冲压设备，降低生产成本，起到事半功倍的效果。工业机器人依靠自身的控制性和通用性，可以将单一的冲压设备通过计算机辅助控制改造为自动化生产线。工业机器人成功替代了传统冲压生产的人工操作，这不仅节约了大量的人力和物力，而且大大提高了生产率和生产安全性。工业机器人在功能方面与人类相似，可以实现夹取、感知等功能，其将压力机和控制器进行结合，在预先设定的程序下完成操作。若工业机器人执行的动作需要改变，只需要对其程序进行重新设定，柔性程度高。在工业机器人的主要应用方面中，冲压机器人所占比例很大。

1. 冲压机器人工作站概述

冲压机器人工作站采用冲床自动下料并机器人码垛的生产工艺。该生产过程包含下料、清洗、码垛等流程。工作站方案系统由冲床、1台六轴机器人（含机器人控制柜）及1台下料双工位旋转台、1套下料工装托盘、1套手部机器人六轴手部夹爪、1台清洗机、1个整体支座以及1台系统控制柜等组成。整个冲压机器人工作站互连互动，实现自动化生产，系统采用PLC实现自动化控制。配置人机交互界面便于产品信息追溯管理。

机器人选用ABB品牌的IRB1600型号。手部持重能力为10 kg，其本体可达半径范围为1.2 m。冲床由买方提供，并通过电气改造，实现由系统自动化控制机床的信号交互，而后由机器人配合工作实现自动化生产。

下料装置为双工位旋转台，分别为人工下料工位和机器人下料工位，可连续进料。下料旋转台上安装下料工装托盘，当产品换型时托盘可快换。

清洗机配置无声气枪，通过气枪中喷出的高压空气对产品的铝屑进行清洗，并集中收集过滤回收。在清洗机两侧安装有检测传感器，对机器人抓取异常进行检测。

机器人手部设计快换夹具，每个产品设计一套专用夹手，存放于夹具库内。机器人夹手将完成毛坯料及完成料的抓放，机器人可自动更换夹手以适用不同型号的工件。

整个工作站通过螺栓紧固在底座过渡板上，如果出现故障或需要移机，可将地脚连接螺栓拆卸，使用叉车移动整个工作站，将工作区域空出。其总体布局如图5-11所示。

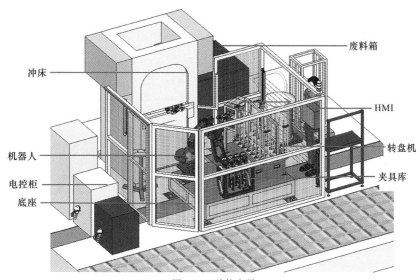

图 5-11 总体布局

2. 工艺流程

（1）工作要求

冲压机器人在生产过程中,可以实现工件的码料、夹取、运送和排料等功能,并根据现场的工作要求,通过设置不同的生产参数控制冲压机器人的生产节奏,保证整个工作过程的流畅性。具体要求包括以下几个方面:

①确保机械结构合理,生产过程顺畅,具有较高的生产率。

②冲压机器人的生产节拍最低为 1 200 只/h。

③冲压机器人与压力机配合良好,可根据压力机的生产节奏设置机器人的动作节拍。

④冲压机器人拥有完备的控制系统,可随工况调整工艺参数。

⑤冲压机器人在控制上有自动控制和手动控制两种模式。正常生产时,使用自动模式,保证生产率。在检修、调试设备时,使用手动模式,方便工作人员的操作。

⑥需要安装指示灯,并设置报警装置,用于指示正常生产状态和报警状态。

⑦尽量在原有的压力机结构和安装场地进行设计工作,降低成本。

（2）工作流程

①将机器人等设备打开,操作人员需要在示教器中输入操作员代号及密码后,设备方可启动。

②机器人等待冲床信号,手部夹具移动到冲床内,等待冲床连续冲压 3 次后驱动手部夹具取出机床打孔后的产品,给冲床信号等待执行。

③机器人抓取产品移动,并将工件放入清洗机中进行吹气,将铝屑清除,清洗机中设置有传感器,如果机器人抓取工件状态有异常则报警停机,由人工干预处理后再正常工作。

④机器人退出并移动到下料工装托盘,夹爪打开进行下料。

⑤机器人退出,随后移动至冲床内进入工作状态。

⑥重复以上工作,依次循环加工。

下料托盘码垛完成后,转台旋转180°,由人工将完成的工件取出。每完成一个料框,系统在 HMI 人机交互界面中以文件的格式记录产品的相关信息。

(3)生产节拍

单个机器人抓取工件—平移—吹气清洗—放料—回冲床接料,为提高工作站的工作效率,优化到 8 s 内完成一次生产节拍(不含冲床工作时间),见表 5-2。

表 5-2　　　　　　　　　　　　一个工作循环的时间分配

序号	工作环节	时间/s
1	机器人抓取工件	1.5
2	平移	1.5
3	吹气清洗	2
4	放料	2
5	回冲床接料	1
总计		8

(4)机器人选型

机器人:ABB IRB1600。执重能力为 10 kg,工作半径为 1.45 m,本体质量为 130 kg。

控制柜:IRC5。

IRB1600 机器人具有出色的可靠性,即便在最恶劣的作业环境下,或是要求最严格的全天候作业中,该款机器人也能应对自如。整个机械部分都是 IP 54 防护等级,敏感件是标准的 IP 67 防护等级。可选型 FOUNDRY PLUS 具备 IP 67、特制喷漆、防锈防护且专为恶劣铸造环境定制。高刚性设计配合直齿轮,使这款机器人的可靠性极佳。IRB1600 机器人安装方式灵活多样,具备的安装方式有支架式、壁挂式、倾斜式或倒置式。本工作站选择行程为 1.45 m 的长臂版本机器人,同时确保最高总负载达 36 kg。

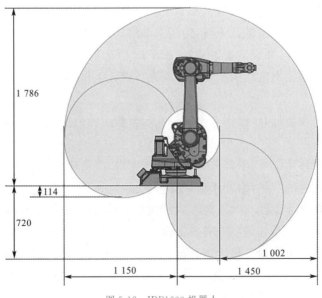

图 5-12　IRB1600 机器人

机器人控制柜 IRC5 主要由主控、伺服驱动等部分组成。除了控制机器人动作外,还可以实现输入、输出控制等。主控部分按照示教编程器提供的信息,生成工作程序,并对程序进行运算,算出各轴的运动指令,交给伺服驱动;伺服驱动部分将从主控来的指令进行处理,产生伺服驱动电流,驱动伺服电动机。控制柜在机器人进行作业的时候,通过输入/输出接口,对周边装置进行控制。

3. 电气控制方案

(1)控制系统

在自动化冲压生产中,控制系统是冲压机器人的核心系统,控制系统通过传感器监控着整个冲压生产过程,其系统的先进性、完善性以及软硬件的可靠性,在很大程度上影响着冲压生产的效率。只有通过控制系统和机械结构的完美配合,才能实现冲压机器人效益的最大化。

1)控制系统的物理层

物理层由控制站、操作站、数据转换接口、现场控制层、现场数据采集、执行机构等组成。在控制系统中,负责收集和处理数据的是物理层。物理层包含了系统中需要的所有物理基础,包括电动机检测、输出和输入等。

2)控制系统的数据层

在控制系统中,数据的传输和处理由数据层完成。控制系统中采用总线技术,实现各个层面的数据相互连接。一般选用线路少、简单可靠的 EPA 总线技术,该总线技术可以保证系统可靠稳定的运行。

3)控制系统的人机交互平台

在控制系统中,工作人员可通过人机交互平台对冲压机器人进行操作,所以人机交互平台的整洁性、操作性是非常重要的。对冲压机器人的现场操作采用的是触摸屏,并且生产线上的各机器人由总线连接起来,并汇总到上位机 PLC,从而实现对冲压机器人整体的监控。上位机主触摸屏能够显示各机器人是否正常工作的信号,当冲压机器人出现故障时,会发出报警信号。同时有异常的冲压机器人的报警信息都会汇总到上位机 PLC 并显示在主触摸屏上,工作人员通过主触摸屏的信息对冲压机器人进行适当的处理。

(2)其他电气元件

工作站均设有三色灯,正常工作的时候,三色灯显示绿色;若机器人出现故障的时候,三色灯会及时显示红色报警。在机器人工位设有按钮盒,系统的停止以及暂停、急停等运转方式均通过按钮盒进行。在电源断电或设备急停时,为了避免设备损坏或人身伤害,不允许设备的运动执行元件有任何运动。存在前、后动作逻辑关系的各应用单元间具有可靠的互锁关系,前、后不能产生误操作,以免产生危险。

无论自动方式还是手动方式,各应用单元内部的前、后动作顺序均有互锁;机器人控制柜、示教盒上设有急停按钮,在系统发生紧急情况时可通过按下急停按钮来实现系统急停并同时发出报警信号;工作站有明显的安全警告标识;冲床工作区域设定为安全区域,机器人与冲床工作区域保持互锁关系。安全保护方式采用双回路,机器人配备智能防碰撞和安全刹车功能、安全围栏、安全门锁。

5.3　自动化生产线的设计应用

　　近年来,随着中国经济的快速发展,越来越多的企业开始思考如何在兼顾效率的前提下得到更高功能和质量的产品。在当前的工业生产中,产品更新的速度也越来越快,并且越来越复杂,产品质量的提高、产能的增加、产品功能的多样化等对生产线的柔性化提出了更高的要求。在实际生产过程中,企业认为,只有生产率高、工艺稳定才能实现较大的经济效益。而当前在柔性自动化生产线上,仍然需要人力将毛坯从放料台上取下后放置在数控机床上进行加工,加工结束后还需手动将零件产品放置在料台上,此过程不仅人工投入大,而且上下料精度难以保证,因此,为了方便快捷地在汽车模型生产线中对某一个加工机构上下料、加工、喷涂、自动上下料,直角坐标机械手等装置随之产生。本章以汽车制造行业为背景,对面向教学用的汽车模型柔性生产线进行研究。

5.3.1　汽车模型生产线的机械设计

　　该生产线从右至左,分别由零件出库单元、电主轴加工单元、钻孔加工单元、加工检测单元、喷涂中心单元、车身装配单元、小车入库单元,以及传送带、工作台、人机交互界面组成。汽车模型柔性生产线主视图及俯视图分别如图 5-13、图 5-14 所示。

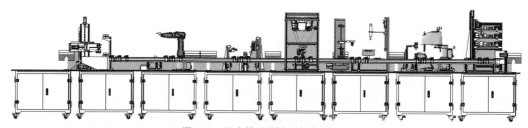

图 5-13　汽车模型柔性生产线主视图

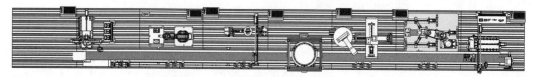

图 5-14　汽车模型柔性生产线俯视图

　　汽车模型柔性生产线的各单元关系如图 5-15 所示。

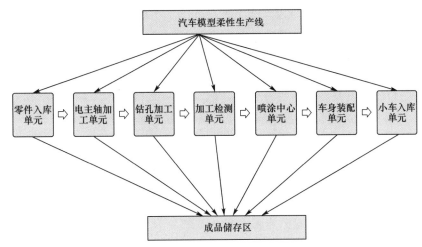

图 5-15　汽车模型柔性生产线的各单元关系

主要组成部分功能介绍如下：

(1)零件出库单元

零件出库单元实现装配工件的自动仓储,并含配套的传感器系统,便于装配工件的仓储管理。

(2)电主轴加工单元

电主轴加工单元实现装配工件的自动加工,并含配套的传感器系统,便于装配工件的上下料与自动化加工。

(3)钻孔加工单元

钻孔加工单元实现装配工件的上/下料取放使用、装配工件的多位置加工使用和多点位置取放使用。

(4)加工检测单元

加工检测单元实现装配工件的加工检测、电主轴对汽车模型组件进行钻孔加工以及通过视觉模块进行图像提取、数字分析及孔尺寸检测。

(5)喷涂中心单元

喷涂中心单元实现装配工件的自动喷涂,并含配套的传感器系统,便于装配工件的上下料与自动化喷涂。

(6)车身装配单元

车身装配单元实现装配工件的自动装配,机械手依次夹取装配工件置于装配工作台上实现装配。

(7)小车入库单元

小车入库单元实现装配好的小车自动仓储,并含配套的传感器系统,便于装配工件的仓储管理。汽车模型柔性生产线的装配过程,把每一个单站的装配体装配在一起,然后把传送带再装配到工作台上,完成汽车模型柔性生产线的三维建模。

5.3.2 汽车模型生产线的电气设计

汽车模型生产线包括零件出库单元、电主轴加工单元、钻孔加工单元、加工检测单元、喷涂中心单元、车身装配单元以及小车入库单元等 7 个单元(工位)和 1 个主控台,总共 8 个控制部分。其中 7 个单元分别是独立的系统,可以独立完成一个动作,也可以协同工作。若单独启动,则该单元运行,其他单元不运行。每一个单元都是由独立的模块组成,主要有 PLC、气缸、空开、气缸感应器、光电开关、空开、开关电源、伺服电动机和伺服驱动器(4、6 号工位除外)、伺服电动机位置感应器(4、6 号工位除外)、开关、触摸屏(6 号工位除外)等。所有的电气控制部分均集成在各工位下方的电气柜中。

PLC 是各个单元的电气控制核心,本设计根据任务要求、PLC 的成本、工作效率等因素综合考虑,选用 SIMATIC S71200 系列 PLC。S71200 PLC 是西门子公司推出的一款小型可编程控制器,主要面向简单而高精度的自动化控制任务。S71200 设计紧凑、组态灵活且具有功能强大的指令集,这些特点的组合使它成为各种控制应用的完美解决方案。CPU 将微处理器、集成电源、输入电路和输出电路组合到一个设计紧凑的外壳中以形成功能强大的 S71200 PLC。其 CPU 根据用户程序逻辑监视输入并更改输出,用户程序可以包含布尔逻辑、计数、定时、复杂数学运算以及与其他智能设备的通信。

根据各单元具体控制要求,选用 CPU 1212C DC/DC/DC 型 PLC,它有 8 个数字量输入 DI 接口、6 个数字量输出 DQ 接口和 2 个模拟量输入 AI 接口。考虑汽车模型生产线的各单元控制量较多,另外配备了 SM 1223 数字量输入直流输出模块,该模块具有 16 个 24VDC 数字量 DI 接口和 16 个 24VDC 数字量 DQ 接口。配备信号模块以后,PLC 总共有 24 个 DI 接口和 22 个 DQ 接口,完全可以满足本设计的需求。(图 5-16)

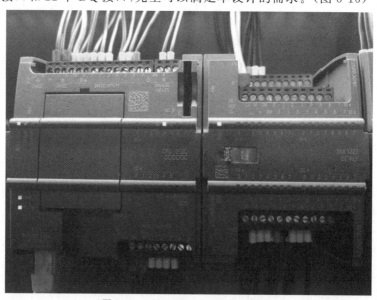

图 5-16　CPU 1212C 和 SM 1223 模块

具体的电气设计以其中一个单站为例:

零件出库单元(工位一)主要是将托盘送到固定位置,然后按照车轮、车头、车尾、车顶板和车底板的顺序将各零件放到工装托盘上,待各零件全部放到工装托盘上后,气缸将会取消阻挡,让托盘随流水线传送到电主轴加工单元。

（1）启动与停止

各单元运行启动，有 4 种方式：在零件出库单元按绿色启动按钮；在零件出库单元触摸屏上按启动按钮；在总控台触摸屏上按零件出库单元的启动按钮；在总控台直接按绿色启动按钮，启动所有工位。注意，通电之后请先打开流水线开关，再按下启动按钮。

各单元运行停止，有 4 种方式：在零件出库单元按红色停止按钮；在零件出库单元触摸屏上按停止按钮；在总控台触摸屏上按零件出库单元的停止按钮；在总控台直接按红色停止按钮，停止所有工位。

急停：各单元和总控台都装有急停开关，按下各工位处的急停按钮则该工位断电，其他工位不会断电；按下总控台急停则所有工位全部断电。

其他单元启动与停止方式相同，不再赘述。

（2）电气原理图

按下启动后，各伺服电动机将会回零，然后前挡气缸置位，后推气缸推出托盘。有料检测光电传感器检测到物料后，插销气缸置位将插销固定在托盘，然后旋转气缸置位，X 轴方向、Z 轴方向、Y 轴方向伺服依次前进，待 Y 轴方向运行到位后，夹取工件，然后 Z 轴方向退回，接着 Y 轴方向退回，到位后气缸复位，再 X 轴方向进（退），最后 Z 方向进，直至到位，夹气缸复位，放掉物料，然后 Z、X、Y 轴三个方向伺服依次回零，气缸旋转置位，进行下一个工件的夹取过程。一层工件夹取完成，插销气缸复位，前挡气缸复位放掉装满工件的托盘，光电传感器检测到没有物料后，定时一定时间后推气缸再推出下一托盘，然后进入二层工件夹取，二层工件夹取完成后，夹取三层工件，三层完成后，再进行一层工件夹取，依次循环。按下停止按钮，所有气缸将复位，伺服电动机将停止运转。

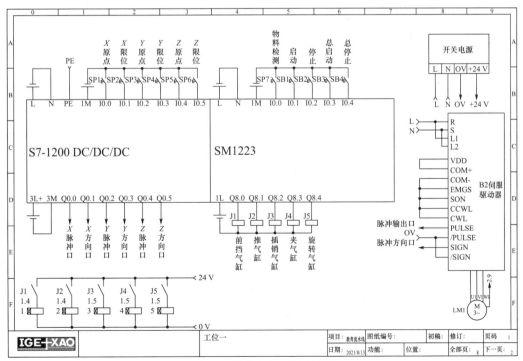

图 5-17　零件出库单元电气原理

（3）I/O端口介绍（表5-3）

输入端：I0.0接三轴直角机械手X轴方向伺服电动机原点限位感应器；I0.1接三轴直角机械手X轴方向伺服电动机极限位置限位感应器；I0.2接三轴直角机械手Y轴方向伺服电动机原点限位感应器；I0.3接三轴直角机械手Y轴方向伺服电动机极限位置限位感应器；I0.4接三轴直角机械手Z轴方向伺服电动机原点限位感应器；I0.5接三轴直角机械手Z轴方向伺服电动机极限位置限位感应器；I8.0接物料检测光电信号线；I8.1接零件出库单元启动信号线；I8.2接零件出库单元停止信号线；I8.3接经过处理后总控台启动信号；I8.4接经过处理后总控台停止信号。

输出端：Q0.0接三轴直角机械手X轴方向伺服电动机驱动器脉冲输入口；Q0.1接三轴直角机械手X轴方向伺服电动机驱动器方向输入口；Q0.2接三轴直角机械手Y轴方向伺服电动机驱动器脉冲输入口；Q0.3接三轴直角机械手Y轴方向伺服电动机驱动器方向输入口；Q0.4接三轴直角机械手Z轴方向伺服电动机驱动器脉冲输入口；Q0.5接三轴直角机械手Z轴方向伺服电动机驱动器方向输入口；Q8.0接前挡气缸；Q8.1接推料气缸；Q8.2接插销气缸；Q8.3接夹爪气缸；Q8.4接旋转气缸。

表5-3 零件出库单元IO分配表

输入		输出	
IO地址	符号说明	IO地址	符号说明
I0.0	X原点	Q0.0	X脉冲口
I0.1	X限位	Q0.1	X方向口
I0.2	Y原点	Q0.2	Y脉冲口
I0.3	Y限位	Q0.3	Y方向口
I0.4	Z原点	Q0.4	Z脉冲口
I0.5	Z限位	Q0.5	Z方向口
I8.0	物料检测	Q8.0	前挡气缸
I8.1	启动	Q8.1	推气缸
I8.2	停止	Q8.2	插销气缸
I8.3	总启动	Q8.3	夹气缸
I8.4	总停止	Q8.4	旋转气缸

（4）参数设置

零件出库单元有X、Y、Z轴三个方向，共三个伺服电动机，需要确定电动机的脉冲频率，同时需要设置前进和回零的脉冲数。其中，前进和回零的脉冲数作为一般参数可以修改；电动机的脉冲频率不允许随意修改。

零件出库单元拿取的零件需要在X、Y、Z轴三个方向同时定位，每个零件抓取过程，包括X、Y、Z轴三个方向前进。每个工件抓取完成后需要依次经过Z轴方向先退，然后Y轴方向回，X轴方向进，Z轴方向进，最后放下的过程。因此每个零件的抓放过程有7个参数需要确定。

//////////// 练习题 ////////////

1. 通过查阅视频资料，列举几种典型的工业机器人工作站，了解其功能。

2. 比较 Pro/Engineer、UG、Catia、SolidWorks 四种三维设计软件的优、缺点，选择 SolidWorks 软件作为一款应用软件了解其主要功能。

3. 试说明机器人仿真软件 RobotStudio 在机器人系统集成应用中的主要作用。

4. 简要说明机器人工作站控制系统的主要作用。

//////////// 哲思课堂 ////////////

二十大报告提出，"建设现代化产业体系。坚持把发展经济的着力点放在实体经济上，推进新型工业化，加快建设制造强国、质量强国、航天强国、交通强国、网络强国、数字中国。"。建设制造强国的过程中，机器人技术、人工智能技术首当其冲，机器人的系统集成技术也将在其中扮演重要的角色。随着大数据、物联网、边云计算、数字孪生等新技术的应用，机器人系统集成技术会不断更新迭代，向着数字化、智能化的方向快速发展。

第6章

工业机器人仿真技术

本章任务

1. 了解目前市面上常用的仿真软件。
2. 熟悉 RobotStudio 软件仿真的典型应用。
3. 认识虚拟仿真实验。

    工业机器人仿真技术综合了工业机器人技术、建模技术、虚拟仿真、数字孪生与 OPC UA 技术。通过学习工业机器人仿真技术,使学生了解机器人仿真技术的基础知识、机器人虚拟仿真的基本工作原理;掌握机器人工作站构建、建模功能、离线轨迹编程、事件管理器的应用、Smart 组件的应用、Screenmaker 的应用、典型机器人工作站系统创建与应用,以及仿真软件在线功能,具备使用机器人仿真软件的能力和针对不同的机器人应用设计机器人方案的能力,为进一步学习其他机器人课程打下良好基础。

6.1   仿真软件

6.1.1 常用仿真软件概述

    自 20 世纪 70 年代,国外对机器人的仿真技术进行了大量研究,已取得了实质性的进步和成果。美国 Tecnomatix 公司在 20 世纪 80 年代研发了一种名叫 ROBCAD 的系统,该系统实用性和通用性强、可扩展性好,并且功能全面,已成为全球应用范围最广的机器人仿真系统。Peter Corke 等基于 Matlab 完成对机器人工具箱（Robotics Toolbox）的开发与研究，该机器人工具箱实际上是一个专门用于机器人仿真的软件包，在机器人建模、控制、可视化等方面使用很方便。Korpioksa,Martti 借助 Unity3D 模拟机电实验室设备操作的情境，通过 OPC 实现 PLC 与 PC 之间信息的双向传输。工程师可预先对虚拟工业生产线进行调试，为进一步实际构建生产线提供指导，这种模式极大地方便了大型生产线的前期机器人编程设计。

相对于国外，中国机器人仿真技术的起步比较晚，但近几年中国在机器人仿真方面的研究也取得了一些成果。上海交通大学机器人研究所推出了一款性价比极高的 ROSIDY 软件，普遍适用于一般机器人的图形仿真。中科院开发出一款基于 VC 平台下的机器人运动仿真软件，该软件能够模拟机器人的"心脏"控制器，可实时操作虚拟工业机器人的运动、示教，高度的开放性使得该软件已被应用于航天科研领域进行实验。基于 Matlab 软件的 Robotics Toolbox，以 RB03 机器人为例，通过视觉定位实时获取机器人的运动轨迹。江南大学的开源机器人操作系统（ROS），基于 ROS 对串联机器人的仿真运动进行了深入研究，该研究方法可在复杂环境中对机器人进行控制，可支持跨平台、兼容多种语言、二次开发后还可以操控真实工业机器人等优点，凸显了该方法的优越性。重庆大学借助三维交互设备利用手势对机器人进行虚拟操控，以三轴机器人为例，基于 OpenGL 开发出一款虚拟仿真平台，该平台具有实时传输力觉、听觉、视觉等数据的优点，强化了现场感、真实感。

针对工业机器人的仿真技术是本科阶段学生们重点学习的内容。目前市场上常用的工业机器人仿真软件有安川机器人的 MotoSimEG-VRC、FANUC 机器人的 RoboGuide、KUKA 机器人的 KUKA Sim、CATIA 公司的 DELMIA 软件。

1. MotoSimEG-VRC

MotoSimEG-VRC（图 6-1）是对安川机器人进行离线编程和实时 3D 模拟的工具。其作为一款强大的离线编程软件，能够在三维环境中实现安川机器人的功能包括：

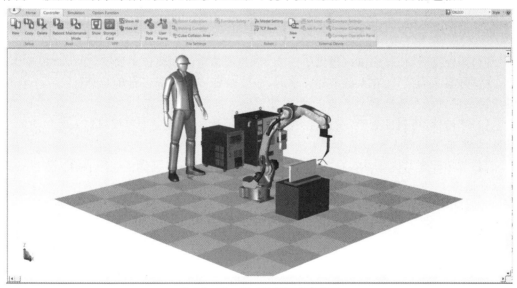

图 6-1　MotoSimEG-VRC 软件界面

（1）机器人的动作姿态可以通过六个轴的脉冲值或工具尖端点的空间坐标值来显示。

（2）干涉检测功能能够及时显示界面中两数模的干涉情况，当机器人的动作超过设定脉冲值极限时，图像界面会对超出范围的轴使用不同颜色来警告。

（3）显示机器人动作循环时间。

（4）真实模拟机器人的输入/输出（I/O）关系。具备机器人、机器人与外部轴之间的通信功能，能够实现协调工作。

（5）支持 CAD 文件格式建模。例如 STEP、HSF、HMF 等格式文件。

2. RoboGuide

RoboGuide（图 6-2）是一款 FANUC 自带的支持机器人系统布局设计和动作模拟仿真的软件，可以进行系统方案的布局设计，机器人干涉性、可达性分析和系统的节拍估算，还可以自动生成机器人的离线程序，进行机器人故障的诊断和程序的优化等。RoboGuide 的主要功能如下：

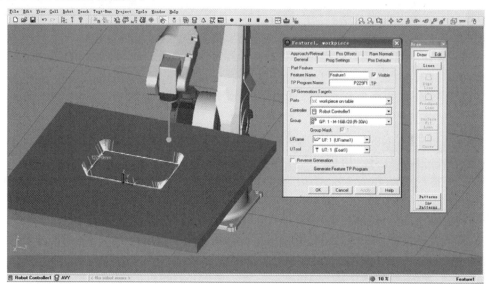

图 6-2　RoboGuide 软件界面

（1）系统搭建：RoboGuide 提供了一个 3D 的虚拟空间和便于系统搭建的 3D 模型库。

（2）方案布局设计：在系统搭建完毕后，需要验证方案布局设计的合理性。一个合理的布局不仅可以有效地避免干涉，还可以使机器人远离限位位置。

（3）干涉性、可达性分析：在进行方案布局的过程中，不仅需要确保机器人对工作的可达性，也要避免机器人在运动过程中的干涉。

（4）节拍计算与优化：RoboGuide 仿真环境下可以估算并且优化生产节拍。依据机器人运动速度、工艺因素和外围设备的运行时间进行节拍估算，并通过优化机器人的运动轨迹来提高节拍。

3. KUKA Sim

KUKA Sim（图 6-3）是 KUKA 公司用于高效离线编程的智能模拟软件。使用 KUKA Sim 可以轻松快速优化设备和提高机器人生产力以及竞争力。它具备直观操作方式以及多种功能和模块，操作快速、简单高效。该软件拥有 64 位应用程序，具有最高的

CAD 性能,全面的在线数据库,包含当前可用的机器人型号等。

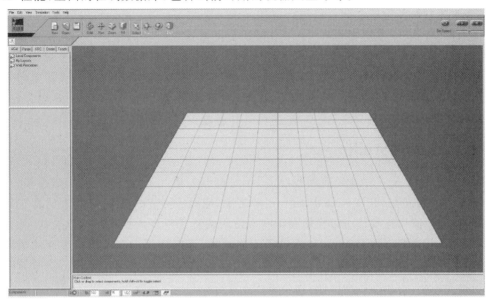

图 6-3 KUKA Sim 软件界面

4. DELMIA

DELMIA(图 6-4)是一款数字化企业的互动制造应用软件。DELMIA 向随需应变和准时生产的制造流程提供完整的数字解决方案,使制造厂商缩短产品上市时间,同时降低生产成本、促进创新。

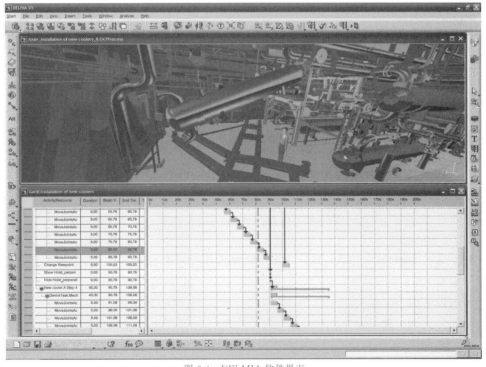

图 6-4 DELMIA 软件界面

　　DELMIA 数字制造解决方案可以应用于制造部门设计数字化产品的全部生产流程，在部署实际材料和机器之前可以进行虚拟演示。它与 CATIA 设计解决方案、ENOVIA 和 SMARTEAM 的数据管理与协同工作解决方案紧密结合，给 PLM 的客户带来了实实在在的益处。结合这些解决方案，使用 DELMIA 的企业能够提高贯穿产品生命周期的协同、重用和集体创新的机会。DELMIA 运用以工艺为中心，针对用户的关键性生产工艺提供目前市场上最完整的 3D 数字化设计、制造和数字化生产线解决方案。目前，DELMIA 广泛应用于航空航天、汽车、造船等制造业支柱行业。

6.1.2　RobotStudio

　　RobotStudio 是一个 PC 应用程序，用于对机器人单元进行建模、离线编程和仿真。RobotStudio 建立在 ABB virtual controller 之上，它是在生产中运行机器人的真实软件的精确拷贝。使用该软件可以模拟在车间中使用的真实机器人程序和配置文件，从而执行非常逼真的模拟。RobotStudio 提供了一些工具，可以使用户在不干扰生产的情况下执行培训、编程和优化等任务，从而提高机器人系统的盈利能力。RobotStudio 具有降低风险、快速启动、较短的转换时间、提高生产力等特点。

1. RobotStudio 概述

　　RobotStudio 允许使用离线控制器，即在 PC 上本地运行的虚拟 IRC5 控制器。这种离线控制器也被称为虚拟控制器（VC）。RobotStudio 还允许使用真实的物理 IRC5 控制器（简称"真实控制器"）。当 RobotStudio 随真实控制器一起使用时，我们称它处于在线模式。当在未连接到真实控制器或在连接到虚拟控制器的情况下使用时，我们说 RobotStudio 处于离线模式。RobotStudio 提供以下安装选项：完整安装、自定义安装（允许用户自定义安装路径并选择安装内容）、最小化安装（仅允许用户以在线模式运行RobotStudio）。

2. 常用术语和概念

（1）硬件

　　硬件（Hardware）是计算机硬件的简称（计算机系统中由电子、机械和光电元件等组成的各种物理装置的总称）。这些物理装置按系统结构的要求构成一个有机整体为计算机软件运行提供物质基础。

（2）RAPID 语言

　　RAPID 语言是 RobotStudio 的一种专用语言。

　　①指令：程序由多个对机械臂工作加以说明的指令构成。因此，不同操作对应不同的指令，如移动机械臂对应一个指令，设置输出对应一个指令。重置输出的指令包括明确要重置哪个输出的参数，如 Reset do5。这些参数的表达方式如下：

- 数值，如 5 或 4.6。
- 数据索引，如 reg1。
- 表达式，如 5＋reg1 * 2。
- 函数调用，如 Abs(reg1)。
- 串值，如 Producing part A。

②程序:程序分为三类,具体为无返回值程序、有返回值程序和软中断程序。

· 无返回值程序用作子程序。

· 有返回值程序会返回一个特定类型的数值,此程序用作指令的参数。

· 软中断程序提供了一种中断应对方式,一个软中断程序对应一次特定中断,如设置一个输入,若发生对应中断,则自动执行该输入。

③数据:数据分为多种类型,不同类型所含的信息不同,如工具、位置和负载等。由于此类数据是可创建的,且可赋予任意名称,因此其数量不受限(除来自内存的限制外)。其既可以遍布于整个程序中,也可以只在某一程序的局部。某些数据可按数据形式保存信息:如工具数据包含对应工具的所有相关信息,如工具的中心接触点及其质量等;数值数据也有多种用途,如计算待处理的零件量等。数据分为三类:常量、变量和永久数据对象。常量表示静态值,只能通过人为方式赋予新值。在程序执行期间,也可赋予变量一个新值。永久数据对象也可被视作"永久"变量。保存程序时,初始化值呈现的就是永久数据对象的当前值。

(3)编程的概念

编写程序的中文简称,就是让计算机代为解决某个问题,对某个计算体系规定一定的运算方式,使计算体系按照该计算方式运行,并最终得到相应结果的过程。

为了使计算机能够理解人的意图,必须将需要解决问题的思路、方法和手段通过一定形式告诉计算机,使得计算机能够根据人的指令一步一步去工作,完成某种特定任务。这种人和计算体系之间交流的过程就是编程。

(4)坐标系

为了说明质点的位置、运动的快慢、方向等,必须选取其坐标系。在坐标系中,为确定空间一点的位置,按规定方法选取的有次序的一组数据,叫作"坐标"。在某一问题中规定坐标的方法,就是该问题所用的坐标系。坐标系的种类很多,RobotStudio 常用的坐标系有工具中心点坐标系、RobotStudio 大地坐标系、基座(BF)、任务框(TF)等。

①工具中心点坐标系:工具中心点坐标系(也称为 TCP)是工具的中心点。用户可以为机器人定义不同的 TCP。所有机器人在工具安装点处都有一个被称为 tool0 的预定义 TCP。当程序运行时,机器人便将该 TCP 移动至编程的位置。

②RobotStudio 大地坐标系:RobotStudio 大地坐标系用于表示整个工作站或机器人单元。这是层级的顶部,所有其他坐标系均与其相关(当使用 RobotStudio 时)。

③基座(BF):基础坐标系被称为"基座(BF)"。在 RobotStudio 和现实中,工作站中的每个机器人都拥有一个始终位于其底部的基础坐标系。

④任务框(TF):在 RobotStudio 中,任务框表示机器人控制器大地坐标系的原点。

3. 界面介绍

RobotStudio 软件主界面包括"文件"选项、"基本"选项、"建模"选项、"仿真"选项、"控制器"选项、"RAPID"选项和"Add-Ins"选项。

(1)"文件"选项卡包括创建新工作站、创建 RAPID 模块文件和控制器配置文件、连接控制器、将工作站另存为查看器和 RobotStudio 选项,如图 6-5 所示。

图 6-5　新建界面

（2）"基本"选项卡包括建立工作站、路径编程、设置、控制器、Freehand、图形和摆放物体所需的控件，如图 6-6 所示。

图 6-6　"基本"选项卡

（3）"建模"选项卡包括创建、CAD 操作、测量、Freehand、机械和其他需要的控件，如图 6-7 所示。

图 6-7　"建模"选项卡

（4）"仿真"选项卡包括碰撞监控、配置、仿真控制、监控、信号分析器、录制短片和其他所需的控件，如图 6-8 所示。

图 6-8　"仿真"选项卡

（5）"控制器"选项卡包括用于模拟控制器的同步、配置和分配给它的任务控制措施，还包括用于管理真实控制器功能，如图 6-9 所示。

图 6-9 "控制器"选项卡

（6）"RAPID"选项卡包括 RAPID 编辑器的功能、RAPID 文件的管理以及用于 RAPID 编程的其他控件，如图 6-10 所示。

图 6-10 "RAPID"选项卡

（7）"Add-Ins"选项卡包括 PowerPace 和 VSTA 的相关控件，如图 6-11 所示。

图 6-11 "Add-Ins"选项卡

6.2 虚拟仿真的典型应用

　　随着智能制造行业的快速发展，焊接机器人工作站在工业产品的成型制造中得到了广泛应用。本章结合高校与企业实际项目，对工作站进行机械设计、电气设计和仿真设计，本节重点对焊接机器人进行离线编程和虚拟仿真设计，利用 RobotStudio 软件对机器人进行离线编程和虚拟仿真，完成焊接机器人工作时的运动动画。焊接机器人工作站的硬件包括整个机械结构，具体包含 ABB 焊接机器人、焊机、送丝机构、控制柜、变位机、底座和下机架等，如图 6-12 所示。

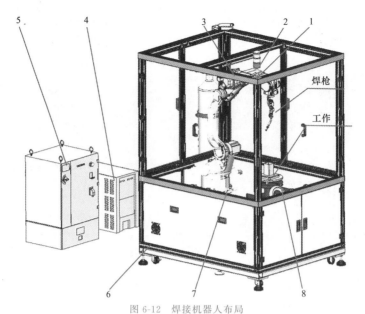

图 6-12　焊接机器人布局

1—ABB焊接机器人；2—三色指示灯；3—送丝机构；4—焊机；

5—控制柜；6—下机架；7—机器人底座；8—变位机

　　为了完成机器人工作站的虚拟仿真，需要先对工作站进行设备布局。将各设备模型（SAT格式）按照部件导入几何体到 ABB 仿真软件 RobotStudio 6.05，根据平面草图完成设备布局，创建机器人控制系统。

1. 创建工作站系统

　　如图 6-13 所示，从 ABB 模型库中依次导入机器人底座、IRB1660ID 机器人、焊枪、变位机、控制柜、焊机、二氧化碳储气罐、定位夹具、焊接工件、操作员等模型，并选择合适的位置完成布局。

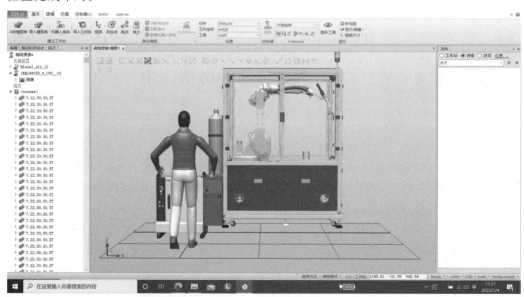

图 6-13　导入模型

创建机器人工作站控制系统,如图 6-14 所示,单击"机器人系统",选择"从布局创建系统",单击"下一步"按钮,输入系统名称,直至完成。

图 6-14　创建机器人工作站控制系统

2. 变位机机械装置创建

由于布局中的变位机三维模型为导入模型,需要先将模型名称更改为变位机,如图 6-15 所示。创建变位机机械装置和变位机链接,变位机为两轴变位机,因此需要创建两个接点作为旋转关节,如图 6-16 所示。

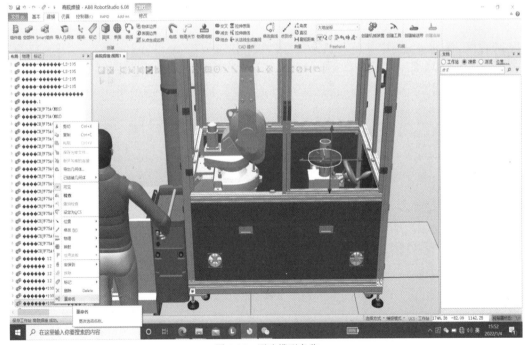

图 6-15　更改模型名称

图 6-16 创建变位机

3. 事件管理器

通过事件管理器为变位机添加事件,使创建的机械装置能够通过控制器运动起来。创建变位机的第一个姿态:首先,利用"仿真"选项卡创建信号,将信号名称自定义为"do1";其次,创建事件,事件触发器类型为"I/O 信号已更改",选择触发类型为"信号是 True",事件为"将机械装置移至姿态"。操作步骤如图 6-17 至图 6-21 所示。

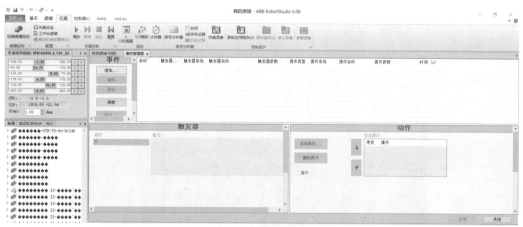

图 6-17 创建新事件

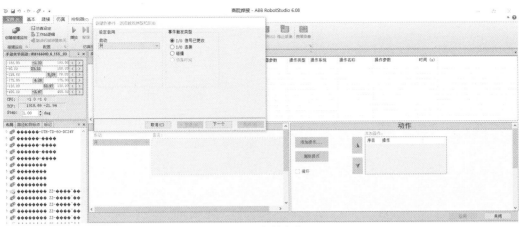

图 6-18 选择触发类型

图 6-19 选择信号和触发条件

图 6-20 将机械装置移至姿态

图 6-21　事件管理器创建完成

4. 创建轨迹路径

创建焊接点为离线示教点,选择工具坐标系,通过示教器和点动机器人协同配合,选择合理的焊接点,调整机器人焊枪的位姿,同步各个目标点方向,操作步骤如图 6-22 至图 6-25 所示。

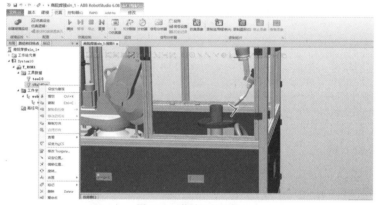

图 6-22　激活工具坐标

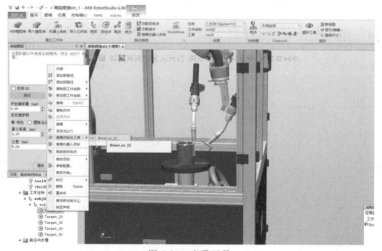

图 6-23　查看工具

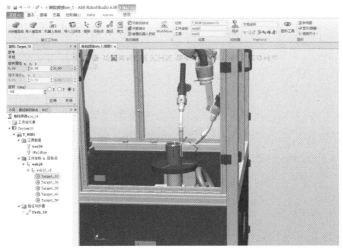

图 6-24 旋转工具位姿

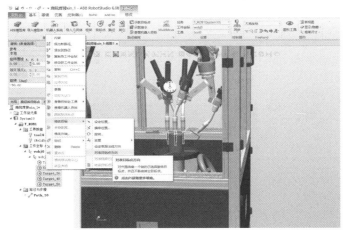

图 6-25 同步目标点方向

此时,选择各个目标点,自动生成轨迹路径,如图 6-26 所示。以上步骤如果对光滑曲面焊接,也可以采用自动生成路径方法来产生目标点和轨迹。

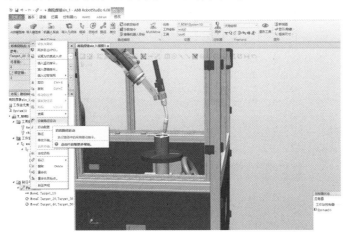

图 6-26 沿路径运动检查运动轨迹

5. 离线编程示教

创建离线编程程序,首先打开虚拟示教器,选择手动操作模式,设置中文语言后,重启示教器,新建程序模块和程序,如图 6-27 所示。编写示教程序,如图 6-28 所示,将离线程序同步到 RAPID,如图 6-29 和图 6-30 所示。

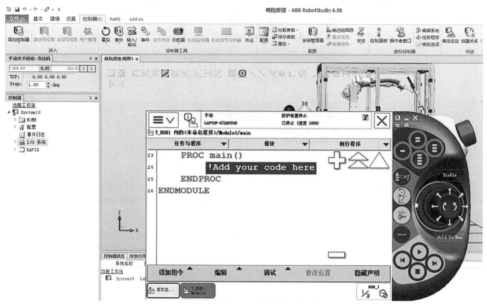

图 6-27　虚拟示教器创建程序

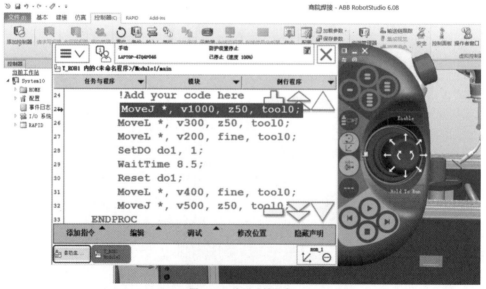

图 6-28　编写示教程序

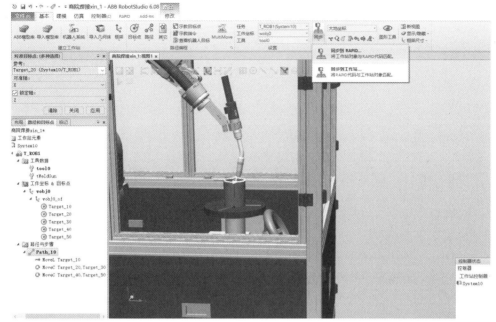

图 6-29　工作站同步 1

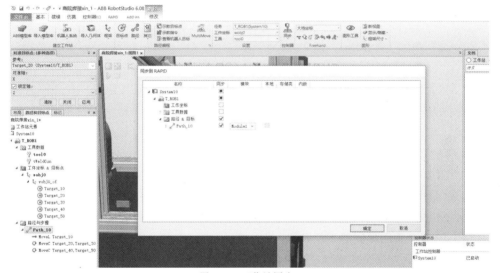

图 6-30　工作站同步 2

6. 参考程序

```
PROC main()
! Add your code here
    MoveJ [[1045.30,2.31,994.80],[0.014554,0.0103204,0.999405,0.0295049],[-1,0,0,
0],[9E+9,9E+9,9E+9,9E+9,9E+9,9E+9]],v1000,z50,tool0;
    MoveL [[1102.33,2.31,701.01],[0.0145542,0.0103204,0.999405,0.0295049],[-1,0,-
1,0],[9E+9,9E+9,9E+9,9E+9,9E+9,9E+9]],v300,z50,tool0;
    MoveL [[1022.02,2.31,604.73],[0.0145542,0.0103204,0.999405,0.0295049],[-1,0,-
1,0],[9E+9,9E+9,9E+9,9E+9,9E+9,9E+9]],v200,fine,tool0;
```

```
        SetDO do1,1；
        WaitTime 8.5；
        Reset do1；
        MoveL [[1102.33,2.31,701.01],[0.0145542,0.0103204,0.999405,0.0295049],[-1,0,-
1,0],[9E+9,9E+9,9E+9,9E+9,9E+9,9E+9]],v400,fine,tool0；
        MoveJ [[1102.33,2.31,701.01],[0.0145542,0.0103204,0.999405,0.0295049],[-1,0,-
1,0],[9E+9,9E+9,9E+9,9E+9,9E+9,9E+9]],v500,z50,tool0；
        WaitTime 2；
        Path_10；
        MoveJ [[1045.30,2.31,994.80],[0.014554,0.0103204,0.999405,0.0295049],[-1,0,0,
0],[9E+9,9E+9,9E+9,9E+9,9E+9,9E+9]],v1000,z50,tool0；
    ENDPROC
    PROC Path_10()
        MoveL Target_10,v100,fine,tWeldGun\WObj：=wobj0；
        MoveC Target_20,Target_30,v150,z10,tWeldGun\WObj：=wobj0；
        MoveC Target_40,Target_50,v150,z10,tWeldGun\WObj：=wobj0；
    ENDPROC
```

6.3　虚拟仿真技术概述

　　1989 年,"虚拟现实之父"Jaron Lanier 首次提出了虚拟现实(Virtual Reality,VR)的概念。虚拟现实是一门融合计算机系统和传感技术的综合学科,其方式是创建一个三维虚拟环境。其实现途径是模拟并调动用户的视觉、触觉、听觉、嗅觉等感官。其目的是使用户与场景进行交流、互动,产生身临其境的沉浸感。因此,虚拟现实具有以下三个特征:沉浸性、交互性、想象性。目前,虚拟现实技术的研究分为以下四大类:

　　(1)桌面虚拟现实:直接将计算机屏幕作为用户与虚拟世界连接的桥梁,用户可以使用键盘、鼠标、力矩球等典型输入设备实现与虚拟世界的交互,该方式容易受外界环境的影响,用户的体验感和沉浸感不足,但考虑成本问题,该方式仍是目前应用范围比较广泛的,如图 6-31 所示为桌面虚拟现实的计算机显示界面。

　　(2)沉浸的虚拟现实:如图 6-32 所示,用户利用头盔、眼镜等设备将自身置于一个集视觉、听觉、触觉等多感官于一体的封闭虚拟环境当中,通过手中的手柄、手套等输入设备,抑或手势动作参与其中,让使用者获得身临其境的感觉。

　　(3)增强现实型的虚拟现实:它将虚拟世界和真实世界相结合,如图 6-33 所示。在一定时空范围内,针对真实世界中存在实体信息无法完全表达的情况,虚拟现实技术将虚拟信息与真实信息叠加在一起,构建了一个半实物半虚拟的环境。

　　(4)分布式虚拟现实:多个用户通过网络在同一个虚拟场景中共同分享信息,共同体验虚拟环境或协同完成某一任务,该方式具有实时性、共享性、协同性。如图 6-34 所示为多人协同场景。

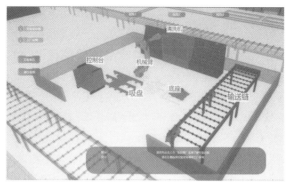

图 6-31　桌面虚拟现实的计算机显示界面

图 6-32　沉浸虚拟现实操作设备

图 6-33　增强现实型的虚拟现实场景

图 6-34　分布式虚拟现实场景

6.3.1 虚拟仿真实验的典型应用

玻璃清洗工作站离线编程虚拟仿真实验以武汉商学院虚拟仿真实验平台为基础,进行玻璃清洗机器人工作站虚拟构建、离线编程基本操作及机器人工作站运动仿真。采用"知识点"与"工程实践"相结合的实验教学方式,通过基础部分、进阶部分及工程案例实操的实验教学设计,着重培养学生团队合作能力、剖析工程案例能力及研究解决机器人系统集成实际工程问题的能力。

机器人搬运工作站是工业机器人领域的典型应用,机器人实体工作站占地面积大、成本高、管理和维护困难,采用机器人实体工作站进行机器人系统集成应用离线编程仿真实验,成本高、消耗大。机器人系统集成及编程的实体实验存在投资较大、设备台套数有限、实验室面积紧张、实验时间与教学实践冲突、细微实验现象难以细致观察等问题。

本虚拟实验教学设计遵循"三层衔接、能力进阶"思路,三层衔接是指基本技能训练、专业综合训练及业界实践训练。能力进阶是指基本能力、专项能力及综合能力。虚拟仿真实验平台主要包括构建基本仿真工业机器人工作站、RobotStudio 中的建模功能等基础教学部分、Smart 组件的应用、在线编程等进阶教学部分及玻璃清洗工作站编程工程实例操作。

实验网址为 http://sxy.xksch.com:3000/。

1.实验原理

(1)设备布局与系统创建

工件为批量化生产的玻璃产品,长度为 1 200 mm,宽度为 900 mm,厚度为 5 mm,工厂内采用总线输送,将工件输送至各单站工位。单站工位采用一台 ABB IRB6700 机器人,末端安装吸盘夹具夹持工件,将工件从输送链抓取至清洗机输入端,由清洗机对工件自动清洗。

(2)Smart 组件设置

Smart 组件就是在 RobotStudio 中实现动画效果的高效工具,玻璃清洗工作站的 Smart 组件分为 SC-输送链、SC-清洗机、SC-工具。

SC-输送链的动态效果对整个工作站起到一个关键的作用,其动态效果包含输送链前端自动生成工件、工件随着输送链向前运动、工件到达输送链末端后停止运动、工件被移走后输送链前端再次生成产品依次循环。

SC-清洗机的动态效果是完成对工件的传送和自动清洗,清洗机内部一对夹送辊反向旋转完成对工件的擦洗。

SC-工具的动态效果是对工件的抓取或放下,吸盘工具能够将输送链中的工件抓取到清洗机输入端。

(3)离线编程

对 ABB IRB6700 机器人来说,其主要功能是将工件从输送链位抓取至清洗机位,在抓取后对工件翻转 90°,捕捉工件上表面,离线编程示教抓取点、过度点、放置点,自动生成路径,调整吸盘工具到合适的位置姿态。自动生成路径后,在"目标点和路径"中修改指令,选择合适的运动指令,调整焊接速度。插入"WaitTime"等逻辑指令,设置任务等待。

将离线编程同步到 RAPID。

（4）RAPID 编程

RAPID 语言是瑞典 ABB 公司对针机器人进行逻辑、运动以及 I/O 控制开发的机器人编程语言。RAPID 语言类似于高级语言编程，与 VB 和 C 语言结构相近。PAPID 语言所包含的指令包含机器人运动的控制，系统设置的输入、输出，还能实现决策、重复、构造程序，以及与系统操作员交流等功能。在 RAPID 程序中，有且只有一个主程序 Main，它可以存在于任意一个程序模块中，并且是作为整个 RAPID 程序执行的起点。

打开虚拟示教器，转到手动模式，选择"Production Window"，分别查看程序，调整修改程序后，将 PP 移至 Main。

（5）工作站逻辑及 I/O 信号设置

工作站逻辑适用于将 Smart 组件信号与机器人系统配置信号进行关联的配置。首先需要对机器人控制器配置 I/O 信号，将 I/O 信号与 Smart 组件建立连接。

在实际生产中，大批量玻璃生产的清洗工序常采用工业机器人自动化清洗的生产方式。在工厂产线上，工业机器人对玻璃的搬运是采用机器人末端安装的真空吸盘，对玻璃的边角进行抓取，使用一台输送链将工件送至机器人行程范围，机器人抓取和翻转工件，并将工件放置于清洗机输入端。本实验主要难点是机器人与输送链、清洗机等外部设备协同工作下的工作站离线虚拟仿真，其基本思路是，分析玻璃清洗的工艺，对工作站布局，设置 Smart 组件参数，通过离线编程和 RAPID 编程，进行仿真设置，完成实验。

玻璃清洗工作站虚拟仿真实验借助 Web 网发布的虚拟仿真实验让学生切身体验工业机器人在实际生产中玻璃自动清洗工艺的操作应用，熟悉机器人工作站的设备布局、虚拟仿真的组件设置流程、离线编程等知识。通过三维虚拟技术实现细腻的现场沉浸感，弥补实验中不能到工作现场操作实际设备的短板。调动学生进行实验的积极性和主动性，在掌握基础知识的同时，自主设计实验和操作，解决实际操作中的问题，增强学生创新、创造能力。

2. 实施过程

在仿真平台上，虚拟仿真实验教学一共设置了知识角、自由播放、实验操作、实验习题和实验报告 5 个系统。各系统的功能如下：

知识角：包括实验目的、原理、操作步骤、注意事项等，使学生实验前可以用于预习，了解实验涉及的知识点。

实验操作：在文字、声音和高亮等提示帮助下，人机交互，一步一步指导学生完成整个实验。

实验习题：在无任何提示的前提下进行操作考核，考核结束后系统自动给出分数。

实验报告：考核完成后，需要撰写实验报告，包括实验目的、原理、实验数据处理和结果、实验结论以及对该实验设计的评价和建议，提交给教师评阅。

交互性步骤详细说明

（1）操作指南与知识角学习

①实验之前阅读实验步骤，查阅操作指南。

②选择工厂环境或实验室环境，完成对知识角的阅读。（图 6-35）

图 6-35　知识角

（2）设备布局与系统创建（图 6-36、图 6-37）

①选择合适视角，将机器人底座从装备区布局至实验区草图上对应位置。

②将机器人本体安装至机器人底座上。

③安装吸盘工具至机器人末端。

④将输送链布局至实验区草图上对应位置。

⑤将清洗机布局至实验区草图上对应位置。

⑥将控制台布局至实验区草图上对应位置。

⑦单击创建机器人系统，完成系统的创建。

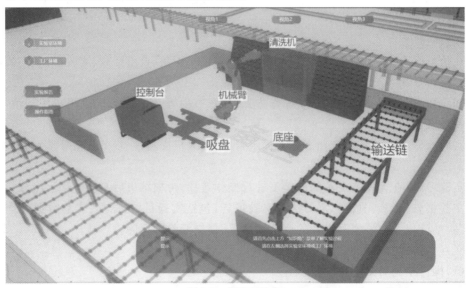

图 6-36　装备区设备

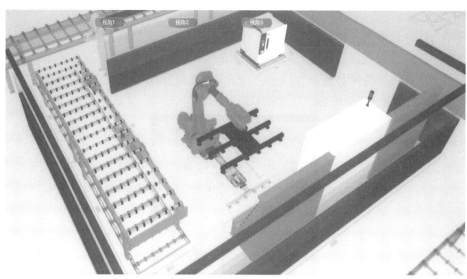

图 6-37 设备布局

（3）Smart 组件的设置（图 6-38）

①为输送链创建 Smart 组件，从组件列表中勾选 LinearMover、PlaneSensor、Queue、Source、LogicGate(Not)添加至 SC_输送链。

②为清洗机创建 Smart 组件，从组件列表中勾选 LinearMover、PlaneSensor、PositionSensor、Queue、Source、LogicGate(Not)添加至 SC_清洗机。

③为工具创建 Smart 组件，从组件列表中勾选 Attacher、Detacher、LinerSensor、LogicGate(Not)添加至 SC_工具。

④单击"提交"按钮，完成 Smart 组件的设置。

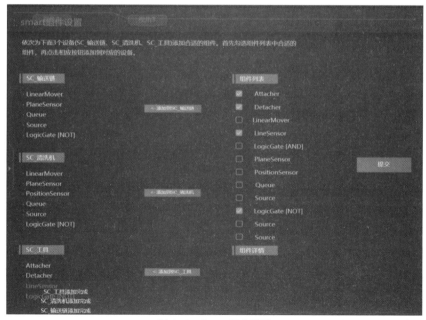

图 6-38 Smart 组件设置

（4）离线编程（图 6-39）

①在 3D 环境中选择目标点"pPick"，单击"示教目标点"。

②在 3D 环境中选择目标点"pHome"，单击"示教目标点"。

③在 3D 环境中选择目标点"pPlace"，单击"示教目标点"。

④单击"生成路径"按钮，完成离线编程。

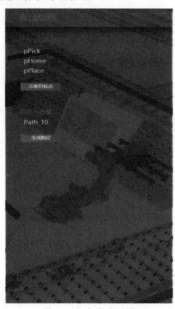

图 6-39　离线编程图

（5）RAPID 代码编辑（图 6-40）

①对初始化子程序进行编辑。

```
PROC rInitAll()
    Reset doGrip；//复位抓取信号
    Reset doPlaceDone；//复位移动信号
    MoveJ pHome,vMidSpeed,fine,tVacuum\WObj：=wobj0；   //回到原点
ENDPROC
```

②对抓取子程序进行编辑。

```
PROC rPick()
    MoveJ Offs(pPick,0,0,500),vMaxSpeed,z50,tVacuum\WObj：=wobj0；
    Waitdi diGlassInPos,1；
    MoveL pPick,vMinSpeed,fine,tVacuum\WObj：=wobj0；
    Set doGrip；      //执行抓取信号
    WaitTime 0.3；    //等待 0.3 秒
    GripLoad LoadFull；
    MoveL Offs(pPick,0,0,500),vMinSpeed,z50,tVacuum\WObj：=wobj0；
    MoveL Offs(pPick,1000,1000,500),vMidSpeed,z200,tVacuum\WObj：=wobj0；
ENDPROC
```

③对放置子程序进行编辑。

```
PROC rPlace()
    MoveJ Offs(pPlace,-800,0,200),vMidSpeed,z50,tVacuum\WObj:=wobj0;
    WaitDI diGlassInMachine,0;
    MoveL Offs(pPlace,-20,0,0),vMinSpeed,z5,tVacuum\WObj:=wobj0;
    MoveL pPlace,vMinSpeed,fine,tVacuum\WObj:=wobj0;
    Reset doGrip;//复位抓取信号
    WaitTime 0.3;
    GripLoad LoadEmpty;
    MoveL Offs(pPlace,-20,0,0),vMinSpeed,z5,tVacuum\WObj:=wobj0;
    MoveL Offs(pPlace,-800,0,200),vMaxSpeed,z50,tVacuum\WObj:=wobj0;
    PulseDO doPlaceDone;
    MoveJ Offs(pPick,1000,1000,500),vMaxSpeed,z50,tVacuum\WObj:=wobj0;
    MoveL Offs(pPick,0,0,500),vMaxSpeed,z50,tVacuum\WObj:=wobj0;
ENDPROC
```

图 6-40　RAPID 代码编辑

（6）仿真设置（图 6-41）

①对仿真进行设置，勾选"Smart 组件""控制器"，选择"单个周期"运行模式。

②新建 I/O 连接信号，SC_工具信号、SC_输送链信号和 SC_清洗机信号。

（7）实验习题（图 6-42）

完成实验相关的选择题及判断题。

虚拟实验室中设备的真实情况与实体设备 1 比 1 真实还原。可以通过给工作站设备布局、I/O 信号的设置、离线编程等步骤，覆盖了机器人虚拟仿真的基本知识点，真实模拟机器人系统集成的设计、安装、调试的各个环节。虚拟实验是利用理论模型、数值方法、信息网络和计算机技术,将真实的物理现象或过程模型化,在计算机上以图片、视频、动画或曲线等直观形式展现,并通过网络共享使用。

图 6-41 仿真设置

图 6-42 实验习题

虚拟实验和实体实验是具有良好互补性的,学生在一个虚拟实验环境中,利用自己对模型的观察与分析,就会形成一个相对较为直观的印象,再利用对各种设备功能进行操作了解,加强对实验原理和规则的理解,就会形成初步认知技能以及操作技能,而在实体实验中有着正迁移效果,可以有效地促进实体实验的开展与完成,可以让学生在实践中不断地提升自身的实践技能。基于"虚实结合"实验教学方法的优势与特色,课程内共设置了4 个虚拟实验:玻璃清洗工作站虚拟仿真实验、弧焊工作站虚拟仿真实验、码垛工作站虚拟仿真实验、打磨工作站虚拟仿真实验。在"以学生为中心"的大教学环境和理念背景下,教学过程中,树立了学生的学习中心地位,引入了"先虚拟后实体"的实验教学模式。

6.3.2　虚拟仿真实验的发展方向

机器人仿真技术充分反映了中国高科技发展水平,提升了国际地位,其包含机械设计制造、计算机、传感器、机器人技术等多门学科。目前,中国各个行业的多个领域对机器人仿真技术均进行了大范围的应用,包含了多种多样的机器人仿真设备,其产品自身具有较强的灵活性、仿真性等特征。相关工作人员能够结合不同应用场景的实际需求,设计、生产出合适的机械仿真产品,有效地替代人工操作,减少人力资源成本,同时提升实际工作质量和效率,进而得到社会大众的高度认可,对人民群众具有较强的吸引力。

量子计算、云计算、区块链、物联网等前沿技术促进未来的发展和进步,逐步推动了仿真体系结构向智能化、服务化的方向发展。模型体系不断完善,建模方法不断进步,仿真平台应用领域及需求日趋广泛,仿真系统的不确定性和复杂度迅速提升,可信度评估逐渐引起仿真系统开发者和使用者的广泛重视。

1. 量子计算技术

由于量子力学的叠加性,使得量子计算效率大幅度提升,速度远超于传统的通用计算机。例如使用"量子搜寻算法"对传统的无线网络加密方案进行破解,所需时间不到 4 分钟,与传统计算机相比具有指数级的提高。为此,量子计算技术的探索和量子计算机的研发成了各国关注的热点。运用量子计算强大的数据处理能力解决各类仿真问题逐渐成为可能。例如,量子计算与人工智能算法相结合,将有助于复杂装备智能建模、群体(蜂群、蚁群)行为建模与分析、复杂作战过程的细粒度仿真推演等仿真技术的突破;应用于目标自动识别和景象匹配,能够实现图像的快速处理,有效提高识别和匹配的精度;利用量子计算实现海量数据的存储、处理和模型解算分析,有助于实时提供多维、动态、高分辨率的战场环境信息。以量子计算机为主体的"中心云服务＋云端应用"的研发及应用模式也将促进仿真应用的拓展和进步。

2. 云计算技术

具有先进计算能力的高性能计算技术直接影响着机器人仿真技术的发展和进步。以美国、日本、欧洲为代表的高性能计算及应用技术一直处于世界前列。中国自主研制的神威蓝光、天河、曙光星云等国产高性能计算机也多次进入世界榜首。与软、硬件系统飞速发展相比,高性能计算的应用稍显不足。如何能够有效发挥超算中心强大的计算能力,为各领域提供高效计算服务是当前世界各国关注的焦点。建立在互联网基础上的"云计算"技术,通过共享架构、按需访问模式,根据用户需求快速配备计算资源,实现按需部署和资源共享,并且不受时间、空间的限制,具有较强的灵活性、可靠性、可扩展性。

3. 区块链技术

新互联网技术和新信息技术的快速发展将引发仿真手段和方法的变革。区块链技术被视作继大型机、计算机、互联网、移动社交之后的第五次颠覆性的新计算范式。在区块链中,参与整个系统的每个节点之间的数据交换、系统的运作规则和系统内的所有数据内容都是完全公开透明的。

4. 物联网技术

随着万物互联时代的到来,物联网已经在人们的生活中随处可见。与此同时,5G 无线通信、万兆以太网等网络通信技术的发展也日趋成熟。将区块链与物联网、高速通信技术进行有效结合,建立优势互补的系统仿真体系架构,利用区块链技术搭建分布式物联网网络框架;利用高速通信技术解决区块链中传输时延高、扩展性差等问题;同时利用区块链去中心化、自治性、不可篡改、可追溯等优势弥补大规模通信交互的实时性、可靠性和安全性问题。

练习题

1. 简述 RobotStudio 仿真软件功能?
2. 试从 ABB 模型库中导入 1 台 IRB660 机器人。
3. 试用 RobotStudio 创建机器人工作站,点动 IRB660 机器人。
4. 登录网址完成玻璃清洗虚拟仿真实验。

哲思课堂

二十大后各省都在加快推进新型工业化,深入实施数字化转型战略,扎实推进产业结构优化升级,加快产业数字化、数字产业化步伐。目前,关于工业机器人仿真技术的研究也在逐步结合数字孪生、边云计算等技术,在机器人虚拟模型的构建、信息空间与物理空间的数据连接,孪生数据的处理方面进行深度研究与应用探索。我们将充满期待,在未来使用工业机器人仿真技术及相关的虚拟仿真技术,一定可以推动经济社会高质量发展。

第7章

机器人的发展和展望

微课7

7.1 机器人的未来发展

《"十四五"机器人产业发展规划》明确了要从提升产业创新能力、夯实产业发展基础、扩大高端产品供给、拓展应用深度广度、优化产业组织体系等五个方面进行保障。"十四五"时期,中国将积极推进"机器人＋"的实施,以适应工业和消费升级的需要。在汽车、电子、机械、仓储物流、智能家居等行业中,大力发展和推广新的智能机器人,拓展高端应用,推进智能制造、智慧生活;针对矿山、农业、电力、应急救援、医疗康复等初级应用和潜力较大的行业,根据实际情况发展出相应的机器人产品及解决办法,进行试验、推广等;在特定细分领域,例如卫浴、陶瓷、五金、家具等,通过喷涂、抛光、打磨、码垛等形式,形成专业化、定制化解决方案,并复制推广,形成特色服务品牌和竞争新优势。

机器人根据其使用情况分为工业机器人、服务机器人和特殊机器人三大类,本节将对这些机器人的技术状况和发展趋势进行简要的阐述。

7.1.1 工业机器人的技术现状与发展

工业机器人分为焊接机器人、喷涂机器人、打磨机器人、仓储物流机器人和协作机器人。

1.焊接机器人

焊接机器人是目前应用最广泛的工业机器人,焊接机器人的广泛应用为焊接过程实现自动化提供了有利的条件。

（1）焊接机器人的特点

焊接机器人采用示教编程技术，可以完成焊接操作，传统示教编程分为在线示教和离线编程两种方式。

目前，焊接任务的复杂程度不断提高，焊缝质量要求越来越高，结合图像处理技术、机器视觉技术不断发展。在此基础上，焊接机器人采用了各种传感器，使整个焊接过程的自动化程度得到了提高。例如利用激光感应器，利用计算机对焊道进行编程，利用激光视觉技术获取焊缝的有关数据，从而改善示教的准确性和教学效果。

（2）焊接机器人的应用范围

焊接机器人的应用范围涉及汽车制造、轨道交通、装备制造、工程机械和重型机械等行业，成为现代制造技术无可替代的重要角色。

根据机器人的工作方式不同，可将其划分成点焊机器人和弧焊机器人。

弧焊是机器人焊接的主要应用领域之一，对于弧焊机器人而言，提升机器人对应多类型结构件时的焊接适应性和易用性具有重大意义。在焊接较宽焊缝或者普通焊缝等工件时，其核心是使用摆弧算法进行单道焊接作业。相对于无摆弧轨迹的焊接，焊接机器人的工作轨迹是摆弧轨迹的，可获取较宽的焊缝，减少不必要的焊接道次，缩短总体作业时间，进而提高焊接效率，且焊接表面成形效果更佳。而对于厚度较大的构件，则需要在焊接结构上改善工艺和效率。在焊接过程中，应根据焊接技术的要求，采取多层次、多条路线规划的方法，并考虑焊枪行走角对焊缝成形效果的影响，在多层、多道焊接路径规划中引入焊枪行走角，在厚板焊接过程中，不同的焊枪姿势会对焊件的成形产生一定的影响。为了提升机器人焊接系统的易用性和自动化水平，构建结合激光视觉示教模块及焊接路径规划模块的机器人路径规划系统，在轨迹规划系统中引入多种焊接路径算法，实现多规格、多品种结构零件的焊接，目的是改善焊接机械臂的焊接效果、易用性和适应性。

（3）焊接机器人的现有技术

①传感技术

在焊接机器人中，传感器的应用日益受到重视。在常规的位置、转速、加速度等方面，采用了基于激光、视觉、压力等的传感器，自动完成了焊接过程中的自动追踪。自动化的定位与组装使其工作的可靠性和适用性得到了极大的改善。利用多个感测器技术，如视觉、听觉、力感、触觉等，以实现对环境的模拟与决策。

②网络通信技术

机械手控制系统与总线和部分网络相连接，从而达到了计算机自动控制系统的目的。

③遥控和监控技术

在某些高风险的工作场所，例如核辐射、深水、有毒等应用场景，都要求有机器人来替代人工进行操作。现代远程控制系统的发展侧重于人机互动，远程与局部的自动系统组成了一个整体的远程监视和远程控制，从而实现了机器人的应用。

④虚拟现实技术

在机器人中,通过模拟、预演等手段,实现对机器人进行加工的控制。利用多传感器技术、多媒体技术、虚拟现实技术和现场感知技术,实现虚拟遥控和人机互动。

⑤多智能体调控技术

多智能体调控技术在当前的研究中是一个全新的领域。它重点探讨多主体群体结构、交互沟通与协商机制、认知和学习、建模与规划、群体行为控制等问题。

(4)焊接机器人的未来发展

目前,各机器人厂家都研发了自己的焊接机器人产品,从机器人本体、运动控制系统、驱动器、传感器等方面都有很成熟的技术积累,今后焊接机器人的未来发展方向主要是关于如何提高焊接质量和焊接精度,以及提高示教效率等方面的研究。

①提前对焊接过程进行仿真

对焊接过程进行建模并仿真,在实施焊接操作之前进行模拟仿真实验,针对不同工作状况提出不同工艺方案,并进行对比分析,最终选取最优方案让机器人实施焊接作业。

②智能化自适应系统

智能系统能够通过预置程序对外部环境进行感知,不需要人工示教,机器人通过智能系统实现数据的采集和整理,分析和学习,规划出合理的焊接路径,选择合适的焊接方法,实现智能化运行。使人工编程、输入程序的工作量大大降低,并能够根据实际工况实现准确、高效的焊接作业。

③多传感器融合技术

为了有效、精确地进行焊接操作,必须将多个传感器有机地结合起来,以完成对现场数据的采集和处理,从而使整个焊接过程更加精确、快速、可靠。采用全方位视觉传感器、红外传感器、超声波传感器等对焊接机器人进行实时的检测,并对其进行及时的修正。

2. 喷涂机器人

喷漆机器人又叫涂料机器人,是由挪威 Trallfa 公司于 1969 年研制的一种可实现自动喷涂或喷涂其他涂料的工业机器。该机器人由机器人本体、计算机和相应的控制设备组成,包括油泵、油箱、马达等。其采用 5～6 个自由度关节,运动空间大,轨迹运动复杂,手腕一般有 2～3 个自由度,能做出灵活的运动。

新型的喷绘机械手腕部具有弹性,可以任意旋转和进行任意方向的伸缩,其运动方式与人类的腕式相似,便于从细小的开孔进入工作体的内侧并对其进行喷射。喷涂机械通常使用液压传动,动作迅速,防爆性能好,可以进行现场演示。广泛应用于汽车、仪器、电子、陶瓷等领域。

喷涂工艺是影响产品外观质量和生产率的重要环节。通常情况下,在施工现场环境恶劣,而挥发性有机物和粉尘对操作人员的健康是非常不利的,而人工喷涂在喷涂质量和效率上又不尽理想,使用喷涂机器人就成了一种发展的趋势。

(1)喷涂机器人的特点

使用自动化喷涂工艺,既能确保涂装质量,又能减少人为的影响,还能大大提升涂装工人的技术水准。

喷涂机器人的主要优点包括以下几点：

①柔性大，工作范围大。

②提高喷涂质量和材料使用率。

③易于操作和维护。可脱机编程，使现场试验的工作量大为降低。

④高效。该系统具有高达 90％～95％ 的工作效率。

（2）喷涂机器人的应用

①汽车行业

汽车产业因其产量高、节拍快、利润率高而被广泛地使用，汽车车身和保险杠的自动化程度接近 100％。将喷涂作业机器人用于车辆生产线时，可有效地减少流挂、虚喷等涂层的涂覆，使车身光洁，外观品质有显著提高。与此同时，在满足汽车行业实际应用需要的前提下，对喷涂过程及工作站离线程序进行了全面的研究，并取得了很好的效果。

此外，在生产轿车、重载货车的座舱时，采用自动喷涂技术可以改善涂层表面质量，节省涂料及辅助材料的比例达 40％，从而大幅降低生产成本。

②3C 行业

3C 行业主要包括计算机、通信、消费类等，其尺寸和柔性要求较高。台式喷涂在笔记本电脑、手机等产品的表面喷涂上具有良好的应用前景。

③家具行业

在环保要求越来越高的今天，木质家具越来越多地采用了水性漆。在各种规格的台板、门板生产中已大量使用制造水基漆滚涂线。

④卫浴行业

卫浴产品主要由亚克力和陶瓷两大类组成。陶瓷卫浴用瓷制品黏土经过烧制，在外墙上制作陶瓷釉；亚克力浴缸是一种由玻璃纤维加固而成的塑料浴缸，其表面是甲基丙烯酸甲酯，而后面则是一种特殊的玻璃钢强化漆。

目前，机器人喷涂技术已广泛应用于陶瓷卫浴产品；亚克力卫浴的表面喷涂了玻璃纤维增强的树脂材料。一些公司也在开发利用喷涂机器人应用在卫浴、汽车、航天、游艇等领域，其应用日益广泛。

⑤一般工业

一般工业包括机械制造、航空航天、特种设备等，因为零件的外形和尺寸的多样性，同类型的零件数量很少，很难得到广泛的应用。但随着技术的发展，国内仍存在着巨大的发展空间。

（3）喷涂机器人的现有技术

喷涂机器人可分为正交球型手腕喷涂机器人、直线形非球型中空手腕喷涂机器人、斜交非球型中空手腕喷涂机器人。

①正交球型手腕喷涂机器人

该机器人具有防爆的特点，其腕部构造与一般六轴铰接式工业机器人相同，4、5、6 轴为正交球形,也就是一个摆动轴和两个旋转轴,三个轴在一个点上交叉,两个邻近铰链的轴是竖向的。

②直线形非球型中空手腕喷涂机器人

直线形非球型中空手腕喷涂机器人的 4、5、6 轴是三个旋转轴,三个旋转轴可以在一条线上重叠。

③斜交非球型中空手腕喷涂机器人

斜交非球型中空手腕喷涂机器人的 4、5、6 轴是三个旋转轴,并有三个旋转轴。以两个点为中心的轴线交叉。

(4)喷涂机器人的发展方向

喷涂机器人已应用于汽车工业、新能源汽车、轨道客车和一般工业领域。

近年来,新能源汽车和高速铁路产业快速发展,依靠汽车产业的技术和相应的技术支持,喷涂机器人很快就可以进军这一领域;对于普通行业来说,这是一个很好的发展方向,它对涂层的需求更高,但对装饰效果的需求也会有所下降。此外,特殊设备的涂料具有独特的性能,将是未来的一大发展趋势。

3.打磨机器人

(1)打磨机器人的特点

打磨机器人主要用于清理工件的飞边、毛刺,用于替代手工作业。传统制造业生产出的零件有飞边和毛刺,为了提高零件表面质量,传统方式是由人手工作业完成,但是人工研磨作业和繁重的工作条件,使得研磨费用较高,品质不稳定。因而,由机器抛光取代人工抛光已是大势所趋。

利用工业机器人进行示教编程,能够完成曲面的加工,改善抛光的品质和工作效率,从而大大减少了抛光加工的费用。利用打磨机器人清理飞边、毛刺,可以有效地改善抛光效果,确保产品的一致性,特别适用于硬、韧性金属材料和复杂空腔部分的毛刺的去除。

(2)打磨机器人的应用

打磨机器人应用范围很广,包括以下几个方面:

①飞机部件(发动机叶片、涡轮等)。

②3C 行业(计算机、手机等)。

③汽车及其配件(缸体、缸盖、支架、轮毂等)。

④一般工业(卫浴、五金、工具等)。

打磨机器人按其抛光方法不同,可划分成刀具型抛光和工件型抛光两种类型。刀具型抛光是根据加工过程的要求,选用现有的抛光刀具,并将抛光目标抛光,主要适用于较大尺寸的零件;工件型抛光是利用机器人将抛光物体送入事先确定好的抛光装置上,对小型零件进行抛光。

(3)打磨机器人的现有技术

经过多年的发展,机器人已经从最初的示教性的控制方式,发展成为一种可以与机器人进行信息交流的智能机器人。

机器人可以根据打磨工件的材料属性调整打磨工艺参数,如果金属零件的强度高或者硬度大,就要根据材料属性适当增加机器人打磨时的切削力,而针对脆性大、韧性低的金属材料,就需要适当降低每次打磨时的去除量,同时增加打磨的次数。

（4）打磨机器人的发展方向

在智能化生产的推动下,打磨机器人具有以下几个方面的发展趋势:

①装备领域

为了提高打磨机器人打磨的效率和质量,未来可以在打磨机器人的末端执行器,开发适合不同形状打磨对象的打磨工具,尤其是能够适应一些含棱角、平面、曲面、外圆、内孔等特征的工件。采用视觉传感器和力传感器,识别打磨工件的形状和尺寸,根据采集的图像与成品进行比较和分析,实现自动规划最优打磨路径,使打磨机器人对于未知工件能够自动识别并生成打磨参数,提高装备的自动化程度。

②控制策略

采用自反馈补偿方式,自动计算磨损量、补偿量,提高抛光产品的质量。为了获得最佳的研磨工艺参数,引入神经网络、专家系统等人工智能算法,分析由多个传感器所采集的数据,得到实际的打磨工件表面特征,该系统能够实现磨削机器人的自主学习和自我判断,并能很好地适应磨削过程。

③打磨系统

基于工件的复杂性,适当地使用多个机器人进行抛光,可增加排风装置、除尘装置,在研磨时,会吸收研磨时的沙尘、细小的悬浮微粒,加入减震装置,降低研磨噪声,达到最佳的研磨效果。

4. 仓储物流机器人

在工业4.0的背景下,制造企业为了不断降低成本,提高效率,引入了智能化设备(仓储物流机器人),智能仓储的特点是易于管理、生产率高。仓储物流机器人的引入,给中国制造企业的仓储管理以及物流行业注入了新鲜活力,企业的智能化水平得到了不断提高。仓储机器人是智能仓库中的重要组成部分,它的应用范围包括电商、家电、医疗、食品、国防、玻纤、化工等,根据不同的用途,可以划分为自动导引小车、码垛机器人、分拣机器人等。

（1）自动导引小车(Automated Guided Vehicle,AGV)

①AGV的特点

AGV是一种无人驾驶的自动导航汽车。AGV一般配备有自动引导装置,例如电磁或光学等,可沿着规定的引导路径行驶,具有安全保护和各种卸货功能;从工业角度看,这是一种具有安全保护和卸货功能的自动交通工具。AGV集电、光、机于一体,融入先进的技术,具有导航能力、自动驾驶能力等。

AGV运行的每一步都是一组数据信息交互的结果,它的后台拥有一个强有力的数据库支持,能够根据数据的精确程度,排除人为的影响,保证工作按时进行,从而增强AGV的运行稳定性。AGV可以与各类RS/AS出口、输送线、生产线、平台、货架、操作点相连接。它能够按照用户的需求,通过多种方式来完成多种功能,使物流的循环时间最短,降低材料的循环损耗;能够将原料的加工、生产和物流、销售及成品之间有机结合,从而使生产体系更加高效。AGV 不但可以单独使用现场完成特定任务,而且能与其他生产系统、控制管理系统、生产计划系统等进行协调。AGV 具有很强的适应性和兼容性。它具有智能车辆管理、多级报警、紧急制动、故障报告、安全避碰等功能。

政府制定了一套扶持高新技术企业、高端智能产品和高端设备制造业的政策,以促进产业和企业的发展。

②AGV 的应用范围

AGV 作为 CIMS 的基础运输工具,在物流、仓储、制造等方面得到了广泛的应用。AGV 的配套生产已成为其中最为常见的一种。

仓库是 AGV 应用最早的场所,AGV 能够高效、准确、灵活地处理各类物料。

柔性化的物料搬运体系可以采用多辆 AGV,能及时对加工工艺进行修正,一条流水线能同时生产十余种不同的产品,使产品的柔性得到极大的提高,企业的竞争力也得到了提高。

③AGV 的现有技术

AGV 在行驶时的路径选择与避障是当前 AGV 的研究重点和难题,包括在有障碍的情况下,寻求一条最优化的路线。在此基础上,提出了基于 Dijkstra 算法、A * 算法、D * 算法、人工势场法和快速扩展的随机树算法。这些算法用于解决已知环境下的路径规划问题,相对容易实现,但传统的路径规划算法容易受到环境因素的干扰,在大规模状态空间下处理数据能力不足,算法收敛不稳定。

由于人工智能技术的迅速发展,DRL 凭借其卓越的认知和判断功能,在智能导航与路线选择等方面扮演了举足轻重的角色。DRL 算法在进行路径规划时,需要依靠传感器、雷达等设备对周围环境进行探测以完成任务,因此,从传感器得到的信息的准确性与这种方法的有效性有很大的关系。

④AGV 的发展趋势

AGV 在没有人工参与的条件下,能够适用于多种场合。目前,AGV 在室外使用会受到湿度、温度、雾、雨、雪等不利因素的制约,因此必须在下列几个领域进行改善:

a. 充电自动化

研制 AGV 的无线充电设备,使得 AGV 可以不停地进行充电,除了维修以外,可以24 小时工作,从而提升工作效率。

b. 模块化部件

AGV 的生产应该朝着模块化方向发展,如把电动机、减速器、测试等功能模块结合起来,使得 AGV 的整体结构包括机械式和负载式的模块化结构。

c.标准化制造

随着 AGV 的标准化、网络化,微型车的控制模式逐渐趋向于 PC 的开放式控制器,从而使其具有更大的可扩展性、兼容性、操作方便、远程维修等优点。

d.远程化控制

将来 AGV 会为非职业人士提供便利,让他们能够在手机上进行遥控,这就要求提高 AGV 的感知能力。AGV 要满足现代生产的要求,不仅要安装位置、速度、加速度等传感器,还要有多种智能感应器,如机器视觉、压力反馈等,以提高系统的控制性能。

AGV 发展迅速,随着市场需求的增长,AGV 的种类和技术日趋成熟。在现代智能化工业的飞速发展下,AGV 的应用方案在不断拓展、不断创新,产品体系在不断完善、不断摸索和发展,最后形成了一个开放、灵活、可伸缩的 AGV 系统。同时,基于大数据、人工智能等前沿科技的 AGV,也需要对其进行自动化的充电、组件的模块化、生产的规范化,以达到 AGV 的生产和遥控,进而使 AGV 普及。

（2）码垛机器人

①码垛机器人的特点

码垛机器人是一种集机械、控制、人工智能、图像识别、传感器、信息技术等为一体的机械装备。本系统实现了高自动化、智能化,能够将其集成到生产线的任意部分,实现快速获取、搬运、装箱、码垛、堆垛等作业。

码垛机器人自 1960 年被发现后,已广泛地用于各个行业,它可以在高温、高湿、高粉尘、高辐射、高污染等环境下工作,在现代化的工业和其他行业中具有不可取代的地位。从机器人的结构类型来看,目前已知的机器人有直角坐标机器人、柱面坐标机器人、球坐标机器人、多关节机器人和并联机器人。

②国内应用现状

国内码垛机器人的研究发展相对滞后,整体技术与国外的先进码垛机器人相比仍有一定的距离,企业的生产率低下,国外先进码垛机器人的引进和使用都较为困难,只有在部分外企或者大型企业,才会大规模使用自动化码垛机器人,使用范围主要包括工业、物流业、农业等。近些年,码垛机器人的使用频率正在提高,码垛机器人已经成为企业降低生产成本、提高产品竞争力的重要部分。

在工业应用方面,主要是实现工业产品生产过程中的码垛和搬运工作,如沈阳新松机器人自动化公司研发的关节型码垛机器人 SRM300（图 7-1）,其四轴堆叠机械臂可完成强力堆叠和包装工作,具有很强的搬运性能。该码垛机器人的质量轻,结构简单,体积小,操作灵活,可自行调整操作路线,工作性能可靠,适用于搬运、码垛、拆垛、装箱、包装、分拣等工作,维修费用低廉,耐磨性能好,可同时进行多条生产线的堆垛。

图 7-1 SRM300

在物流方面,码垛机器人也同样重要,物料的搬运、码垛、分拣都离不开码垛机器人,如京东物流的"亚洲一号"无人仓,自动化设备、机器人及智能管理系统在产品的立体化存储、分拣、包装、运输等过程中,大大减少了生产的费用,提高了生产率,从订单的处理量、自动化设备的整体匹配等方面,都达到了业内的先进水准。

在农业生产方面,码垛机器人的应用也十分广泛,中国是农牧业、养殖业大国,饲料加工是养殖业必不可少的重要环节,但是在饲料加工的过程中必然会产生高浓度的粉尘,高浓度粉尘对于工人的身体伤害非常大,在这样恶劣的环境中,人工码垛显然已经不适合生产需要,而且全自动码垛机器人代替人工进行饲料码垛作业,会极大改善工人的工作环境,提高企业的生产率。

③码垛机器人的技术现状

目前,世界上许多发达国家对各种码垛机器人的研发水平和使用水平都较高,码垛机器人正向着"高速、高精、重载和轻量化"的方向发展,其中,传动系统、控制系统、人机界面等都是决定这些特性的重要因素。

在码垛机器人控制器的研制中,最突出的问题是操作系统,其运动学控制需要较高的实时性,当前的码垛机器人主要使用专用的运动控制板和实时操作系统,以确保数据的实时传递和动作控制的准确,从而大大改善了系统的整体稳定性,提高了系统的工作效率。

④码垛机器人的发展方向

码垛机器人的发展方向有四个,分别是机械结构、运动规划、运动控制和机器人编程方法。

机械结构的创新主要是解决传统工业机器人质量大、能耗大,但负载相对小的问题。在此基础上,完成了码垛机器人的结构优化与末端驱动。

a.码垛机器人结构优化

根据优化方向,可分为三类:尺寸优化、形状优化和拓扑优化。

对码垛机器人进行尺寸优化设计和形状优化设计是比较早期的做法,是采用有限元法结合有限元软件对机器人进行建模与静态分析,然后进行结构优化,重新设计零部件。在保证使用要求的情况下,大大降低机器人本体质量,降低能耗,目的是改善本体的力学性能并降低生产成本,以达到最佳的运动状态。随着智能算法的兴起与加入,结构优化发展更快,相较于传统算法,机械结构优化的效率更高,结果更加准确,动力学性能更好,质量更小,能耗更低。

拓扑优化是当前最普遍的一种结构优化方法,它是根据约束条件、载荷、特性等因素来确定局部的材料分配,相对于几何尺寸和外形的最优,拓扑优化是在概念上的一种最优方式,它可以在结构的初期就能得出最佳的布置方式,具有更大的弹性和空间。

b. 末端执行机构

末端元件是指与被夹持材料直接接触的零件,是堆叠机械臂的关键部分。它的作用是对被码放的物料进行抓取、移动和码放。

码垛作业是否能够稳定且准确地完成抓取动作,与末端执行机构设计的合理性直接相关。

在抓取过程中,所抓的材料种类和尺寸有差异,包括形状、板形、袋形、筒状等,因此码垛机器人的末端执行机构必须要适应生产线上被抓取物料的大小和品类,保证末端执行机构能够顺利并准确地完成抓取动作。

如今的工业生产中有着各式各样的末端执行机构,按照结构类型的不同,可以分为叉型末端执行机构、真空吸盘型末端执行机构、夹板型末端执行机构,开发了五种不同的柔性执行机构和仿生执行机构。下面列出了各种不同的末端执行机构的优点和缺点。

表 7-1　　　　　码垛机器人各种末端执行机构的优点、缺点及使用范围

类型	优点	缺点	使用范围
叉型末端执行机构	效率高,抓取稳定,结构简单	结构体积大,运行流畅度不够	用于较大、较重的袋装物料
真空吸盘型末端执行机构	抓取光滑物料的效果好	结构较复杂,工作不够稳定	用于表面较光滑的平面物料
夹板型末端执行机构	质量轻,设计简单,适用范围广	不能抓取光滑物料	用于尺寸较大的箱型物料
柔性执行机构	适应性强	结构复杂	用于较轻的小型物料
仿生执行机构	适应性强	结构复杂,稳定性不够	用于其他类型不适用的复杂环境

在农业、制造业、化工业等行业应用码垛机器人时,对于末端执行机构的创新主要是针对机械手的创新设计,结合不同行业的特点,要具备兼容性好、适应性强等优点。国内外未来的研究主要分为柔性机械手和仿生机械手两个方向,通过在机械臂上安装各种传感器,提高机械手抓取的稳定性并实现实时反馈,同时不断改进智能算法,通过优化机械手抓取力学模型,结合计算机视觉技术解决传统抓取过程中抓取不稳定与脱落的情况,得到最适合当前物料的抓取力,在提高抓取的稳定性、平滑性、准确性的同时,提高机器人的环境感知与障碍物识别能力,改善了系统的自适应能力和智能水平。未来码垛机器人的

人机交互性能会有很大提高,可以通过传感器与视觉技术融合,辨别和判断机器人与人在接触之前的状态,避免发生碰撞,可以通过增强虚拟现实技术与 5G 技术,实现码垛机器人的远程控制与编程,在高温、高湿等环境中避免对人员造成伤害,提高生产安全性。

(3)分拣机器人

①分拣机器人的特点

机器视觉识别是机器人分类技术的重要组成部分。在自动化生产线上使用工业机器人完成分拣工作时,需要使用工业镜头采集进入工作区域的产品或者原材料图像,通过对所获取的影像进行准确的识别,能够准确地确定所需要的物料和制品,并指导其进行对应的分类工作。

②分拣机器人的应用范围

由于中国的快速发展,对各种类型的物料的要求越来越高,在电子、汽车、航空航天、铁路、机械等行业中,已经得到了越来越多的应用。在自动流水线上应用的自动分类机器人是将视觉识别与分类工作有机地融合在一起的一种新技术。它能够识别、提取信息,进行空间定位和精确捕捉。分拣机器人在制造、分拣、装配等领域得到了广泛的应用,从而提高了产品的柔性和自动化程度。

目前,许多行业都已经大量使用分拣机器人实现零部件的分拣,包括对电子产品、家用电器、汽车零件、食品等行业,结合视觉识别和自动检测技术,能够有效提高分类的准确率。

③分拣机器人的技术现状

网络商业的飞速发展,使得产品从制造到打包,再到顾客手里的流程缩短,企业所剩的时间也在日益缩短,企业急需增加自动分类的设备。在人们的生活中,在医药、食品、化工、物流等行业中,常常能见到机器人的影子。

自动分类系统的运行稳定、高效,能够提高作业的生产率,节约了人工、行政费用,提高企业的生产水平;能够实现重建,自主规划步行路径,容易辨认目标;能够连续作业,具有轻量化、高效、节约人力、提升分类工作的效率和自动化水平,以及显著提升分类精度的优点;能够进行装卸、运输、分拣,取代人工进行物料加工、分拣、包装、搬运等作业。

采用自动分类系统与基于工业照相机的自动识别和智能分类,能够完成对包装的自动分类和数据的自动识别。在信息技术不断完善、信息标准化、智能控制系统一体化的今天,物流系统已经从劳动密集型行业到大规模智能化转变。

④分拣机器人的未来发展

在激烈的竞争中,中国的工业公司越来越注重对市场的分析,尤其是对发展的环境和顾客需求的变动进行了深入的分析。

中国智能分拣机器人今后的发展趋势如下:智能化、集成化、小型化、柔性化。在中国加速实施环境保护的同时,分类机械也在环境保护方面得到广泛的运用,从而加速中国的能源和环境保护。如果继续提升技术,会将自动分类技术推向智能,那么它的用途就会越来越广泛,最终将整个行业推向无人化、高效化和精准化。

5. 协作机器人

协作机器人不但价格低廉,使用起来也十分便捷,对生产厂家的发展有很大的帮助。近年来,人机合作已经是机器人研究的热点,而机器人与机器人之间的协同工作更是满足了人类对未来工厂的期望。

(1)协作机器人的特点

协作机器人需要人和机器人一起合作完成某项任务。协作机器人相比于传统工业机器人具有更加安全、简单的工作优势,具备较强的发展潜力。协作机器人是一种具有视觉感知、力感知、自主避障、自主路径规划能力的智能机器人。在此基础上,采用深度学习与多个传感器技术,使得协作机器人与周边装置之间的技术相互结合,使协作机器人的市场竞争能力得到了提高。

(2)协作机器人的应用

协作机器人是一种专门用于辅助试验,以及实际生产制造的设备,特别是近年来发展迅猛的工业机器人也带动了其进入发展的快车道。合作式机械臂是一种能够与人类进行安全交流的机械装置,它将人类的思想与智力相融合,具备一定的自主和协作能力,协作机器人与人合作,可以完成由机器人无法独立完成,或者无法精确完成的工作。

协作机器人的协同作业具有易用性、灵活性和安全性。在这些方面,可操作性是协作机器人快速发展的基础,而柔性是实现协同作业的先决条件。这些特性使得协作机器人成了工业机器人的一个重要组成部分,它的使用范围要远远超过常规的工业机器人,目前已经用于包装码垛、打磨抛光、拖动示教、涂胶点胶、齿轮装配、系统焊接、螺丝锁付、质量检测、设备看护、远程监控等工业现场中,操作人员可以将协作机器人拖到特定的位置或沿特定的轨迹移动,并将其位置数据记录下来,使其显示为可视化状态,可以极大地缩短操作时间,降低操作工作量。

(3)协作机器人应用的关键技术

①安全性与稳定性方面。协作机器人较为创新的突破在于,机器人与人可以安全的在同一环境下工作,然而,在安全和工作稳定等领域,协作机器人的技术还不完善。

②灵活性与轻量化方面。协作机器人的灵活性主要体现在安装方式和模块化设计两个方面。在安装方式上,协作机器人质量轻、体积小,可以根据工作场景进行置地式、倒挂式、悬臂式等不同安装方式,并且协作机器人内部结构紧凑、传动稳定,在不同安装方式下均能满足工作精度要求。

③操作与编程方面。工业机器人在实际应用中,程序的编写与调试都比较费时,进而增加时间生产成本。协作机器人相对于传统工业机器人,在示教编程方面采用了更加便捷的拖动示教,拖动机械臂机器人即可实时记录运动轨迹点的参数。示教器界面也采用了更加简洁的图形化界面,指令和按钮都更加直观,降低了生产技术人员对于协作机器人的操作要求。

(4)协作机器人的未来发展

根据目前协作机器人在应用上的不足和机器人相关技术的发展,协作机器人的未来

发展主要集中在以下方面:

①智能化。

协作机器人在未来发展过程中会将多种感知技术融于一体,进而提升机器人环境信息识别和自主决策的智能化,同时,协作机器人还将与计算机控制技术相结合,针对当前协作机器人在实际应用中存在的缺陷,以及与之相关联的技术发展趋势,指出了其今后的发展方向:将计算机控制技术和互联网技术进行融合,使处在不同区域的协作机器人之间建立信息交换,共同完成工作任务。

②多元化。

将模块化设计进一步优化,在内部轴承和电动机设计中增加机械臂内部通风散热和热传导机构等。同时利用碳纤维复合材料、3D 打印材料等新型材料,协作机器人在未来社会服务中可以发挥更多的作用,进而推进多个行业中的机器人技术发展。

③便捷化

外力引导编程是协作机器人编程的一大优势,但是由于不能很好地控制引导编程轨迹的流畅性和稳定性,因此这一优势无法很好运用到实际工作中。随着计算机控制技术和智能算法在协作机器人中的应用,已实现对编程轨迹自动优化。同时,协作机器人还可以将外部视觉导向、智能柔性手爪等延伸到工业领域,从而提高了抓取精度和组装精度,降低了对协同作业的要求,使操作更加便捷。其他传感器技术、大数据技术、深度学习技术等的发展将会使协同作业系统更加安全、更加智能化,从而促进协同作业系统的广泛使用。

7.1.2 服务机器人的技术现状与发展

服务机器人的应用范围很广,包括维修、运输、清洁、保安、救援、监护等。近年来,服务机器人在世界范围快速发展,而随着全球人口的老龄化,许多问题也随之产生,比如老年人的看护、卫生保健等,都会造成巨大的经济压力。由于服务机器人本身的特性,它可以减轻企业的财务压力。因此,可以广泛使用服务机器人。

1. 服务机器人的特点

服务机器人可以为人类提供有益的工作,但是不包括生产设备。经过多年的发展,服务机器人已经被应用于机械、信息、材料、控制、医学等行业。

2. 服务机器人的应用

国际机器人联合会将服务机器人分为水下作业机器人、空间探测机器人、救援机器人、反恐防爆机器人、军用机器人、医疗机器人等。家庭服务机器人包括家政服务机器人、老人机器人、教育娱乐机器人。

3. 服务机器人的技术现状

近年来,专业的服务机器人发展迅速,在商业、金融、仓储、物流、餐饮等行业有着很好的应用前景。全球老龄化趋势明显,在此趋势下,养老、医疗、教育等出现了巨大的人力需求缺口,同时,也为快速拓展服务机器人市场创造了良好的条件。随着技术的发展,核心零件的价格不断下降,服务机器人也逐步走进人们的日常生活。

机器人的前沿技术主要有结构集成、多自由度灵活操纵、执行器与执行器的集成设计、无结构环境下的动力与智能控制、生命动力激励与控制、无结构环境感知与导航规划、故障自诊断与自我修正、人类感觉与运动认知、人类语义辨识与抽取、记忆与智能推理、多模式人机互动、多机器人协作等。

4. 服务机器人的发展趋势与展望

中国工业机器人的市场需求量很大,未来将会是一个有一定规模的产业;而服务机器人的产业结构和产品结构还不明确,因此要适应本地的工业和行业的需要。

然而,在国家安全、重大民生技术领域中,以及与之配套的模块化技术和尖端技术的研发,都是非常紧迫的。服务机器人技术的发展方向是智能化、标准化、网络化。从一个机械装置到多个智能部件的整合;从单一任务到虚拟交互、远程操作和网络服务;从简单的、复杂的系统发展到在高端的产品中嵌入核心技术和核心组件。另外,服务机器人的市场化也需要服务型、模块化、工业化的发展。

服务机器人技术已经逐步向智能化的机械技术和系统发展,从助老、助残、家庭服务、特种服务等多个领域延伸,并与生命电学、纳米制造、生物制造等领域融合,涉及新材料、新感知、新控制、新认知等领域。然而,服务机器人的需求与创新、产业、服务、安全之间的辩证关系仍然是服务机器人发展的最大驱动和限制。

(1)需求与创新

目前还没有建立和公开相对完整的体系结构标准和软、硬件结构标准,缺少机器人关键技术、零件的关键技术和零件的创新。

(2)需求与产业

在服务机器人领域,无论是在学术界还是在业界,都没有一个明确的概念;客户对服务机器人产品的价格(价值)十分敏感。由于缺少行业标准,需要政府相关部门在进入市场之前,对行业标准、操作规范、评估系统等进行适时的梳理。

(3)需求与服务

坚持以用户需求为核心,优化服务,延伸产业链;创新服务方式,以政府的力量推动新型业务方式的建立;发展机器人租赁业,可以降低机器人使用者的商品购买危险指数。推动服务型机器人的产品普及,让更多的顾客对其进行认识和应用。积极推进服务机器人的市场开发和商业模式的创新,从客户的角度出发,提供个性化的、全方位的产品和服务,促进技术进步和产业升级。致力于服务机器人的应用示范、集成制造和商品化。政府要建立一个专门的公共服务组织的示范平台,并对其进行相应的扶持。

(4)需求与安全

根据安全制度规范,从用户安全、服务机器人自身安全等方面,制定服务机器人安全制度的相关法律、法规;在适当的时间内,进行大量的商议,提出一系列关于服务机器人的安全性与伦理标准,并以法律的方式,对机器人的生产与应用进行法律的规制,确认与服务机器人的联系,避免"虐待"和伤害服务机器人。定义服务机器人的行为规范,包括 Issac Asimov 的三条原则,以及其他在使用服务机器人时的道德和情感上的依赖。

7.1.3 特种机器人的技术现状与发展

1. 特种机器人的特点

特殊机器人是指除了工业、公用和服务机器人以外的其他机器人。它是在非结构环境下代替人们从事繁重和危险工作的机器人,具有运动性能高、防护性能强、智能化程度高、可靠性强等特点。

特殊的机械臂能够执行多种危险的工作。例如,当高空工作时,爬行类的机器人会像蜘蛛一样平稳前进,能在竖立的墙上进行工作;一种类似于航空摄影的飞行器,能够执行巡逻工作。

2. 特种机器人的应用

特种机器人是近年来发展迅速、使用非常普遍的一种新型机器人。按照特种机器人的用途不同,可以划分为农业、电力、建筑、物流、医疗、护理、康复、安全与救援、军用、核工业、矿业、石油化工、市政工程等类型。

按照特种机器人工作时所处空间(陆地、水域、空中、太空)的不同,可以划分为地面、地下、水面、水下、空中、太空等类型。

按照机器人的移动模式不同,可以划分为轮式机器人、履带式机器人、足腿型机器人、爬行机器人、飞行机器人、潜游机器人、固定式机器人、喷射机器人、穿戴机器人、复合机器人等。

特种机器人的职能划分与工业有关,其常用的职能包括采掘、安装、检测、维护、维修、巡检、侦察、排爆、搜救、运送、诊断、治疗、康复、清洁等。

3. 常见的特种机器人

(1)水下机器人

水下机器人是一种在水中工作的极限操作机械。由于海底环境的严酷和人类的潜入能力受到限制,因此,水下机器人已经是海上发展的一个主要手段。

有缆式遥控式水下机器人可以分成三类:水下自航式、拖航式和可在水下构筑体上的爬行式。在这些技术当中,无人和无绳的水下机器人将成为未来的发展趋势。

(2)空间机器人

空间机器人是一种专门的机器人,用以取代人类进行科学实验、舱外作业、空间探测等。太空机器人取代了太空中的航天员,能够极大地减少危险和费用。

空间机器人分为遥控机器人和自动化机器人。

自动化机器人是其发展的主要技术,主要包括太空作业机器人、太空探索机器人、太空探测机器人、太空飞行器和远程空间机器人的测试和维修。随着空间勘探和开发的不断深入,将会出现越来越多的新技术。

由于太空机器人是在太空中生存的,其生存条件和地表条件相差甚远,而太空机器人所处的工作环境,则是极高的重力、高真空、极寒、极高的温度、极高的辐射、极弱的光照,这就导致它们与地表的机器人有着不同的需求,有着各自的特性。

首先,太空机器人更小巧、轻便,具有更好的抗干扰性能。其次,太空机器人的智能化程度更高、更全面。因为是在太空中工作,为了节省能源,延长使用时间,所以需要更高的稳定性。另外,太空机器人是在一个动态的、具有自我控制的立体环境中进行移动和自动驾驶。

(3)工程及施工机器人

工程机器人和施工机器人是矿井生产中的一个主要部件,也可用于各种地下输油、天然气、管道监控与维修的爬管机器人、隧道掘进机器人、高层建筑用顶升机器人、顶件安装机器人、室内装修机器人、地面抛光机器人、擦玻璃机器人等。

(4)医用机器人

医用机器人是指在医疗或医疗机构中的机器人。它是具备识别周围环境及自身的医疗机器人,在医疗或其他领域中有自我感知的能力。医疗机器人有多种用途,可分为医疗机器人、护理机器人、医疗教学机器人和残疾人机器人。

在这些机器人中,外科手术机器人、生物体内治疗机器人是机器人研究的一个热点。目前,机器人在外科和虚拟手术中应用的是机器人手臂的仿真。

(5)微型机器人

目前,国内、外对微型机器人的研制都有了一定的进展。这些微型机器人都是非常微小的,像是一只蜻蜓或者一只苍蝇,有些则更渺小。

微型机器人的发展取决于微加工工艺、微传感器、微驱动器和微构造。这四大领域的基本工作分为器件开发、设备开发和系统开发三个阶段。目前已经开发出 150 微米长的铰接棒、200 微米长的滑动机构、微型齿轮、曲柄、弹簧等。贝尔的研究小组已经研制出了一个 400 微米的小齿轮,它能把 60 000 个小的装置装在一枚普通的邮票上。德国卡尔斯鲁厄核能研究所的一个小型机械师,开发了一种新的微处理技术,它采用 X 射线深度腐蚀,将电铸和塑膜铸相结合,深度为 10～1 000 微米。

发展微型机器人,以大规模 IC 为核心。微驱动器和微传感器都是基于光刻和化学蚀刻法的集成电路技术。二者的区别在于,大多数的芯片都采用二维刻蚀技术,而微机械臂是完全 3D 化的。目前,微型机器人和超微机器人已经成为一门涉及诸多行业、深入发展的新技术,其影响力也是巨大的。

(6)农业机器人

农业机器人是一种应用于农业生产的机器,它可以通过多种编程和软件来实现对多种工作的感知和适应性,并具有诸如视觉等方面的智能计算能力。

21 世纪以来,多用途的新型农用机械设备已经被大量使用,智能化的机械设备将取代传统的人工劳动,从而使二次农业革命进一步深化。它与传统的工业机器人相比,是一种多用途的新产品。农业机械化技术的推广,使传统的农作模式发生了变化,增加了劳动力,推动了现代化的发展。农业机器人包括农药喷洒机器人、收割机器人、搬运机器人、剪羊毛机器人、挤牛奶机器人、草坪修剪机器人、施肥机器人、田间除草机器人、采摘柑橘机器人、采摘蘑菇机器人、分拣果实机器人、番茄收获机器人、采摘草莓机器人等。

(7)军事机器人

军事机器人是指在军事上使用的一种带有一定拟人化作用的机械手。从运送材料到搜索和攻击,军事机器人都有很大的用途。

常用的军事机器人主要用于作战、侦察、监视、工程、指挥、控制、后勤、军事研究、教育等方面。

(8)核工业用机器人

核工业用机器人是指为适应核电行业特定需要和应用场合而研制的一种工业机器人。

核工业用机器人最初在 1950 年被应用,后来逐步发展到远程控制机器人。该技术能够有效地减少操作人员在不同的检测和维修过程中所受到的放射性物质的照射,并且具有节约能源替代和节约运行费用的监测功能。适合于核电领域的机器人具有如下特点:可运动化,便于跨越和避开障碍;配备多种照相机、感应器,具备良好的侦查功能;能迅速抵达作业场地,机动能力强;采用双向控制,能迅速将工作状况反馈至操作员;提供良好的作用力回馈,可有效地保护使用者。随着自动化技术不断发展,自动控制系统将逐步取代手工控制。

(9)娱乐机器人

娱乐机械人是供人观赏、娱乐之用的机械人。除了外形上具备机械人的外形,还能像人类、动物、神话或科学幻想中的角色等,还能够走路、做各种运动、说话、歌唱等。

娱乐机器人最基本的功能就是超级 AI、超炫声光、可视通话、特技等,通过语音、声光、动作、触碰等技术实现与人类互动;超炫声光技术采用多层次 LED 灯光和音响,营造出一种炫丽的声光特效;可视通话技术是指利用大屏幕、麦克风和喇叭,在不同的地方进行视频对话。同时,针对使用者的不同需要,还可以为其添加各种其他功能。

4. 特种机器人的发展趋势与展望

中国机器人工业发展速度很快,其中,特种机器人发展是十分迅猛的。

根据国家统计局的资料,在 2017 年中国机器人市场份额达 13%。随着行业的发展,对特种机械臂的需求量越来越大。

随着特殊机器人应用的日益广泛,其所面对的环境也日趋复杂和极端,由于程序固定、响应时间长,难以在瞬息万变的环境中迅速做出反应。随着生物传感技术、生物仿生建模技术,以及生物电子信息处理和识别技术的发展,特种机器人已经逐渐形成了"知觉-判断-行动-回馈"的闭环作业过程,具有了基本的自主智力,同时采用新的材料与刚-柔结合的新结构,进一步突破了原有的力学模型,提高了其对周围环境的适应能力。

目前,特种机器人已经具有了相当程度的自主智慧,它可以将视觉传感器、压力传感器、软件和硬件结合起来,并对控制策略进行了优化。举例来说,波士顿电力公司推出的两个轮子的 Handle 可以在高速滑行中完成稳定的动作。由于其智能化、自适应能力的提高,其在军事、消防、采矿、建筑、交通运输、安全监测、空间探测、防爆、管道建设等诸多方面有着广泛的应用前景。

近年来,自然灾害、恐怖活动、军事冲突等频发,给人们的生命和财产带来了极大威胁。为了增强应急反应的力量,降低人员伤亡,获得更好的抢救时机,各国的政府和有关部门都投入了大量的资金,加大救灾、载人等方面的研究。

随着科学技术的不断进步,特殊机器人在人类生活中的地位也会日益提高。特种机器人必须具有特定的性能以满足各种应用场合,在未来一定会有更多的应用。

7.2　机器人控制技术发展和展望

控制技术是指各种控制策略和方法,以实现各种不同的操作。机器人的控制技术包括机器人智能、任务描述、运动和随动等。它不仅包含了各个硬件系统,也包含了各个软件的功能。

7.2.1　机器人目前的控制技术

最初的机器人是按序操作的,后来计算机技术发展到了使用计算机系统集成来实现机械设备的功能。

随着工业生产技术的进步,机器人的应用范围越来越广,其控制技术也越来越趋向于智能化。

在软件的设计中,主要包括离线编程、多传感器信息融合、智能行为控制等。位置、转矩是智能控制技术的基础,它的关键在于速度、加速度。

计算机智能控制是实现从知觉到控制到执行回路的自动化关键,它利用集成技术,将人工智能(神经网络、贝叶斯网络、专家系统)与最优控制、模糊控制、自适应控制等现代控制技术有机地融合在一起,使其智能化程度和工作效率都得到了极大的提升。

1. 机器人控制技术的要求

为了实现对机械臂进行有效操纵,必须掌握其运动特征。

(1)它是一种非线性系统,具有很强的复杂性。机器人在结构、传动部件、传动部件等方面存在着较大的非线性。

(2)由于多个运动轴线的协同,每个关节都有一个共同的动作,其中一个动作对其他的关节有影响,每个关节都要受到其他运动的影响,因此每个关节的速度偏差都要尽可能地保持一致。为实现机器人的运动,必须协调各关节的动作与时序。

(3)该模型为动态时变体系,其动态特性随关节的移动而发生改变。较高的位置精度,需要采用加(减)速控制,很大的调速范围,系统的静差率要小,位置无超调,动态响应尽量快。

（4）从运行的观点来考虑，需要一个较好的人机交互，并尽可能减少对操作者的需求。从系统的角度考虑，为了提高控制系统的整体效能，需要尽量减少硬件开销，并采取软件伺服的方式。

2. 机器人控制技术的特点

机构采用一种具有空间开放连接的机构，它的各关节之间的动作是相互独立的，要达到终端位置的运动必须要有多个关节之间的协调。因此，它的控制系统要比一般的控制系统更加复杂，并具备如下特征：

（1）机器人的运动和运动特性有着很大的关系。在多种坐标下，可以对机器人的姿态进行描绘，并按要求选取相应的基准坐标，并做相应的转换；另外需要解决的还有惯性力，包括重力、向心力等。

（2）一台普通的机器人，可以拥有 3～5 种不同的自由度到数十种不同的自由度，每一种自由度都含有一种伺服系统，这些系统需要协同工作，构成一种多因素的控制系统，该方法用于表示机器人的姿态与动作。

随着状态的改变和受力的改变，它的参数也会发生改变，并且这些因素还会相互影响。

（3）由于移动机器人有多种行走途径，因而产生了"最优"问题。而更高层次的机器人则可以利用计算机来构建大量的数据库，通过数据库进行控制、决策、管理和操作。

3. 机器人控制技术的控制方式

根据工作环境的变化，可以采用多种形式的自动编程、微型计算机控制。当前的机器人控制方法有以下几种：

（1）点位控制

点位控制是指在运动过程中，通过对机器人终端操作者在某一特定位置的定位和姿态进行控制。

这个过程中让机器人在特定的两点间快速、准确运动，但对两点间的运动方式没有特殊要求。这样的控制模式主要要求是特定点的定位精度和在两点间运动的时间。根据这种控制模式较易实现的特点，以及定位的精度要求不算高，因此，通常用于堆垛、搬运、焊接和简单的装配。该方法通常易于实施，但难以达到较高的精度。

（2）连续轨迹控制

这样的轨迹控制方式是连续的控制末端操作器在运动过程中的位置和姿态，要求按规定的精度和轨迹和位姿进行运动，而且，能够实现对速度的实时监控，移动的路线更加平滑，能够更顺畅执行移动工作。每一个移动关节都是连续的、同步的，使得它的末端操纵机构能够连续完成一个连续的轨道。这种方式的最大特征在于终端操纵杆的动作准确性和稳定性。它经常用于焊接、喷涂、去毛刺、检测。

（3）力或力矩控制方式

将若干单独的伺服体系有机地结合在一起，以符合人类意愿，或者赋予这些机器一定的智能化,让它们在计算机的帮助下,完成工作。

(4)智能化控制方式

所谓机器人智能控制,是指借助传感器的反馈信号来感知周围的环境,然后根据数据库的有关信息做出判断。利用该方法可以使其具有更好地适应和自我学习的功能。这种技术需要专家系统、神经网络、基因算法来实现。

因此,机器人的控制是一个具有耦合非线性的多参数控制,它与运动、动力的关系密切相关。

7.2.2　机器人控制技术的升级与改造

在人类的生存质量和人工费用的不断提高下,机器人的出现也日益增多,为人类的生活提供了极大便利。

未来机器人控制技术的智能化发展方向将主要围绕基础控制技术升级、主动视觉技术应用、超声波测速几个方面。

1. 基本控制技术升级

针对反应式系统而言,是指机器人无法做出思维活动,仅能依托于命令进行肢体动作的体现。基于行为方法则是智能机器人设计的主要理论与方法,是构成智能体的主要模式。通过为机器人进行框架设定,以期借助设计约束来实现对操控问题的解决。另外,基于行为方法涉及生物性灵感的应用,即借助生物性灵感为机器人划定可允许空间内的自由。控制智能系统的实现需要依托于行为方法论,并以生物性灵感为依据,进行仿生机器人的研究与设计,可实现在提升机器人智能性的同时,帮助人们对生物性结构认知的加深。分析现阶段移动机器人制造,大部分机器人仅能对预先设定动作的完成,在自由性、自主性方面设计仍有待提升,具体运行期间也只能按照预先设定来完成指定工作。若机器人在运行过程中发生环境变化,那么预先设定与实际环境之间的契合性会下降,因为预先设定虽可以包含部分突发情况,但是无法做到涵盖所有方面,所以在运行期间若外部环境发生超出预先的设定,机器人便不能正确和理性做出回应。所以,需要注重对基于行为控制方法应用,通过对以往反应式系统升级改造,实现对上述问题现象地避免,确保机器人的运行可以与各种环境有效契合,提升移动机器人运行稳定性与高效性。

2. 主动视觉技术应用

作为当前热门研究,主动视觉技术目前在机器视觉、计算机视觉方面都有一定的应用。所谓主动视觉技术,是指该技术可以主动视觉周围环境,具有较强反应与感知能力。而在移动机器人控制技术改造升级中融入主动视觉技术,可实现提升机器人周围环境分析能力,对姿态、光感、位置、成像光学条件进行准确分辨,进而达到提升机器人反应能力的目的,依据对当前情况的分析有效调整自身状态,确保机器人对相应任务的准确完成。针对主动视觉系统应用,可构建完善图像采集平台,实现自主调整状态、自主应对环境变化。以计算机存储量增大、图像技术提升、运算速度提升为依据,利用导航来控制视觉信息,而导航系统主要作用体现为周围环境的检测,继而依托于导航系统完成路况监测、路标识别等任务。依托于主动视觉技术进行智能移动机器人控制技术的改造与升级,促使机器人依据对周围信息的全面掌握,合理计算与调整方向和速度,最终准确完成任务。

3.超声波测速

超声波是一种独特的振动,其传输速度仅为光波的百万分之一,其纵向分辨率极高,对光、电、磁等方面的感应不强,即使在烟雾、灰尘、毒雾、黑暗环境中也能起到非常好的作用。该技术通过控制器进行方波信号功率的放大,借助转能器在空气中进行超声波的输出,此时若机器人前方出现障碍物,超声波会发生反射现象,进而被机器人换能器接收,由此计算出障碍的范围。

7.3 机器人的伦理

7.3.1 机器人伦理研究的目的及意义

机器人可以替代人类完成许多工作,给人类生活、生产提供许多方便。根据预先设定好的指令,机器人能够持续地执行任务。目前,大多数的机器人都是根据人类的需要进行工作,不具备思考能力和决策能力。随着机器人越来越智能化,它们是否会代替人类来完成一切工作?

在将来,当更多的机器人在各个行业中使用,让机器代替人类,的确可以提升生产力,但也必然会导致大量的劳动力流失,从而导致大量的劳动者失业。因此,与其他的科技类似,持续发展的机器人技术也存在着双重的一面,它的道德问题是不可避免的,而不应该被人们忽略。

2002 年,机器人学家吉安马可·维鲁基奥(Gianmarco Veruggio)表示:机器人伦理是一种运用伦理,旨在开发科技、文化工具,以推动和鼓励机械技术的发展,让机器造福于人类,保护个体,避免因其滥用而导致的危害。2004 年,就这一主题召开了一个专题讨论会,从以下几个方面解释了机器人伦理的概念:一是,研究和生产智能机器人的科学家本身所具有的伦理观念,也就是他们本身的伦理观念;二是,它的代码中含有的伦理因子,将会影响它在任何环境下的反应。三是,根据自己的编程需求,根据自己的实践,自动生成一套伦理体系,机器人本身并不具备与人一样的思考能力,却可以根据自己的实践来做出相应的行为。第三类"机器人道德"是一种能够在实践中被触及并被了解的道德准则。2017 年,欧洲联盟提议建立一个"机器人契约",该契约包括了关于自动驾驶的民事法律。随着人工智能由单纯的体力工作变成了具有感情和"人性"的机械,它的用途会越来越广,还可以充当"陪伴"角色。然而,随着其应用范围的扩大,面临的问题也日益增多。

在实践中,机器人能够学会伦理准则。随着人类伦理的发展,科学家从过去的沉迷于技术的发展,转而关注技术在实践中的伦理问题,这也从一个侧面反映了人类的发展。

7.3.2 机器人伦理主要研究的问题

1.技术依赖问题

目前,越来越多的行业都使用机器人代替人类作为劳动力进行工作,机器人可以做一些高强度的、超负荷的工作,而且还可以保持生产的连续性。但它也有一个缺点,目前大多数的工作都是由机器人来进行,一旦有一日,机器发生了故障,就会导致它的工作不能正常进行。这是一个值得我们认真考虑的问题。

随着机器人技术不断进步,人们的思维能力也在不断改变。例如,人们使用计算机打字,手写机会减少,很多人都依赖于先进的输入、输出工具,借助联想功能完成写作,基本上放弃了手写,提笔忘字的现象出现越来越频繁。而随着机器人技术的发展,人类的思维发展也逐渐受到了一定程度的制约,使得人类的创造力无法完全开发出来。随着人工智能技术的快速发展,机器人的作用越来越大,很多人力、脑力、体力的工作,都有可能被智能机器人取代。

在技术的发展过程中,人类的主体性会变弱,尤其是人类赋予了机器人情感交流和思考能力之后,机器人能够自己做出决策。

2.人类失业的风险

机器人的普及以及其高效的工作能力,导致部分职工有了下岗的危险。当然,机器人是人类创造出来的,只能根据设计模仿人类思考,不能真正的独立思考。科技人员和工程师需要根据智能算法提前设置好机器人的思维方式,进而使机器人根据算法进行分析和决策。

如果机器人完全替代了人类的劳动,会导致有一部分人完全脱离了劳动,未来有可能会出现一些社会性问题,造成不稳定的社会,这与科技发展的本意是相背道而驰的。

3.避免对人类的伤害

2015年7月1日,一位22岁的机械师在纳塔尔大众公司的一辆卡车上,在由一辆机器人所造成的事故中丧生。他与一名同事共同在现场装上了一台计算机。但是,配合他们工作的机器人却忽然发动,并击中了他的胸口。一秒钟后,这位机械师就被砸进了铁皮之中。后来,他被送入了一家医院,但由于救治不够及时而去世。该系列的机械臂原设计是用于装配生产线,能够在特定的位置进行抓起和加工。德国大众公司的一位女发言人表示,这件事故最初是一起人工故障,并非是机器自身的原因。工人们在组装时,被一台机械臂击中了胸口,然后被压在了钢板上,造成了严重的伤害,这是一起由机械故障引起的意外,并不是"故意"造成的。这次意外让人们对机器人有了负面的认识。

随着智能机器人在军队中的运用越来越广泛,各国的国防实力都得到了极大提升,而在未来的战斗中,一旦有了这样的智能机器人,那么人类的战斗力将会更加强大、更加智慧。军用机器人在物资运输、搜寻、袭击等方面有着广泛的应用。军用机器人包括地面机器人、无人机、水下机器人、太空机器人、排爆机器人等。但是,在军用领域中使用的机器人都要遵守"三大法则"。在美国、俄罗斯的知名科幻作者艾萨克和阿西莫夫于一九四二年所提出的机器人三条法则被认为是机械伦理之祖。第一条法则是,机器人不会伤害人类,也不会让它受到伤害;第二条法则是,机器人必须服从人类的命令,但是不能违背第一条法则;第三条法则是,机器人要在不违背第一条和第二条法则的前提下,进行自我保护。

所有的机器人都要遵守上述三条法则,以限制机器人的行动,使其遵守出于对人类的义务伦理规范。

4. 道德责任

当人工智能技术控制的机器伤害人类时,例如自动驾驶车辆撞伤行人时,我们将如何理解它们的道德责任呢? 该如何让机器人担当起道德责任?

机器人道德问题研究的目的是要提前处理好可能会出现的不可逆转的形势,促使科技人员和工程师提前处理好和机器人的关系,从机器人的伦理、法律和社会三个方面的角度来解释机器人的技术问题,并将其应用到技术体系中。建立人类和机器人之间和谐可控的关系。

一种方法是机器人伦理,它的首要责任是人类。它是由人类的智力思考而产生的,具有思考和做出决定的功能,因此它的行动应该遵守伦理法规。通过科技人员和工程师将机器人所需要掌握的知识与能力归纳出来,转化为逻辑严密的算法规则,让机器人在遵循上述原则的基础上工作,使其具备伦理意识。

另一种方法是人为的道德和伦理建构,企图把机器人作为一个人造的道德主体,对内在的道德准则和道德进行学习、练习。模仿儿童的生长历程,使其学习各种情境下复杂的动作与认识。两者相融合,最大限度地让机器人在法律、道德等方面与人类的行为准则相一致,向着更加人道的方向发展。计算机方面的科学家们正在与哲学家、心理学家、语言学家、律师、神学家和人权方面的专业人员一起,他们发现了机器人的决策要点,从而使机器人能够模拟出人类的思维方式,做出正确的决定。同时,工程师们要警惕的是,当前问题的解决方案并不能控制未来意想不到的后果,因此未来需要着重思考的是,怎样才能使智能体的行动成为一个有道德的个体。

在为人类服务的同时,也存在着隐私方面问题,比如,以人工智能技术为基础的服务机器人,其工作时会根据使用者的喜好,向使用者提供相关的资讯,但事实上,这是对使用者的隐私的侵害。这些信息如果泄漏出去,对使用者来说,将是一个巨大的危险。

因此,它们必须具备某种伦理上的责任感,在遇到命令时,必须以保护自己的利益为原则。

7.3.3 机器人伦理问题产生的原因

1. 机器人伦理规则缺失

机器人是一项新兴科技,在此之前并没有专门的针对机器人伦理规则进行研究和构建，人类无法预知科技的发展方向和发展程度，因此，不能预先设定相应的道德准则。只有在科学技术发展到一定程度后，才能逐步确立起相应的社会道德规范。

如果科技发展过快，而相应的伦理道德建设速度没有跟上，就很有可能导致科技发展方向的偏差，出现与人类伦理道德相违背的现象。为了避免这种损害，我们必须制定更为完备的标准，以促进技术进步。

2. 监督管理体系不完善

目前，中国的立法水平还落后于科学技术的飞速发展，在科学技术发展过程中出现的人权问题、环境问题、伦理问题等，多数都是依靠科技工作者自己的伦理和民意进行推进和处理，而难以通过法律去推进、去解决，但是因为缺乏强制，制约作用并不明显。

目前只有部分文件或者规则针对机器人技术的发展做了要求和限制，但还没有一个专门针对机器人技术伦理问题的法律体系，在涉及机器人技术发展的道德问题时，缺乏足够的道德标准来解决这些问题。

为避免技术被滥用，被用于与人类伦理道德相违背的领域，需要建立完善的监督管理体系。科学技术一方面提高了人类的主体性，促使人类更好地使用自然资源；如果科学技术的运用不当，将会使我们的社会陷入道德和伦理的困境。科技，甚至是机器人，其自身并无优劣之别，未来的科技是否会为人类所用，或为人类所害，全在于人类自身。

////////////// 哲思课堂 //////////////

中国已成为全球最大的机器人市场。近年来，我国机器人产业发展迅速，在全球市场占据着举足轻重的地位。

在汽车工业、3C电子、机械制造等多个领域，国产机器人已经打破国外垄断，成为全球重要的机器人产业基地。在国防军工、航空航天等领域，国产机器人也不断取得突破。我国工业机器人、服务机器人领域的技术和产品竞争力不断提升，部分技术和产品已经达到国际先进水平。

这些成绩的取得，很大程度上得益于我国政府对机器人产业的大力支持和企业坚持不懈地自主创新。随着人工智能技术的快速发展，将进一步拓宽机器人的应用领域，特别是在工业制造、医疗康复、农业生产等领域。

参考文献

[1] JohnJ. Craig,克雷格,Craig,等. 机器人学导论(原书第三版)[M].机械工业出版社,2006.

[2] (美)赛义德·B.尼库,著,孙富春,朱纪洪,刘国栋,译.机器人学导论——分析控制及应用(第2版)[M].北京:电子工业出版社,2018.

[3] 萨哈,S. K.).机器人导论[M].北京:机械工业出版社,2009.

[4] 刘极峰,丁继斌.机器人技术基础.第2版[M].北京:高等教育出版社,2012.

[5] 孟庆鑫,王晓东.机械人技术基础[M].哈尔滨工业大学出版社,2006.

[6] 刘英,朱银龙.机器人技术基础[M].北京:机械工业出版社,2022

[7] 周浩,熊君尹,邵宁.我国工业机器人产业发展现状及思考[J].科技风,2020(11):1-2.

[8] 陈鑫,桂伟,梅磊,工业机器人工作站虚拟仿真教程.北京:机械工业出版社,2019.

[9] 陈鑫,工业机器人典型工作站虚拟仿真详解.北京:机械工业出版社,2022.

[10] 周济,李培根,智能制造导论.北京:高等教育出版社,2021.

[11] 齐占庆,王振臣.电气控制技术[M].北京:机械工业出版社,2008.

[12] 王兆安,黄俊.电力电子技术[M].北京:机械工业出版社,2000.

[13] 莫会成,闵琳.现代高性能永磁交流伺服系统综述.传感装置与技术篇[J].电工技术学报,2015,30(6):10-21.

[14] 喻子容. 智能服务机器人的社会应用与规制[D]. 北京:北京交通大学,2019.

[15] 胡秋艳.智能机器人应用中的伦理问题研究[D].武汉理工大学[2023-08-14].

[16] 谷雨. 人工智能发展的伦理问题研究[D].西南大学,2018.

[17] 王臻,刘杰,齐祥昭,等.汽车制造涂装行业VOCs减排方案及潜力分析(Ⅱ)[J].中国涂料,2018,33(2):11.DOI:10.13531/j.cnki.china.coatings.2018.02.001.

[18] 金磊,胡泽启,刘华明,等.机器人在零件清理打磨中的应用及发展趋势[J].机床与液压,2017,45(15):4-9.

[19] 乔新义,陈冬雪,张书健,等.喷涂机器人及其在工业中的应用[C]//第十八届全国涂料与涂装技术信息交流会暨汽车、轨道交通、工程机械涂装技术研讨会.;中昊北方涂料工业研究设计院有限公司. 2016.

[20] 骆敏舟,方健,赵江海.工业机器人的技术发展及其应用[J].机械制造与自动化,2015,44(1):4.DOI:10.3969/j.issn.1671-5276.2015.01.001.

[21] 何志锋.ABB 机器人技术在包装行业中的应用研究[J].机电信息,2014(27):2.DOI:10.3969/j.issn.1671-0797.2014.27.059.

[22] 张学文.四自由度教学型机器人运动轨迹控制技术研究[D].重庆大学,2009.

[23] 李菁.步行机器人系统鲁棒控制器的分析及研究[D].江南大学,2008.

[24] 张志强.PowerCube 可重构模块化机器人研究[D].西华大学,2008.

[25] 谢存禧,张铁.机器人技术及其应用[M].机械工业出版社,2005.

[26] 郭洪红.工业机器人技术——面向 21 世纪高等学校系列教材[M].西安电子科技大学出版社,2006.

[27] 朱世强,王宣银.机器人技术及其应用[M].浙江大学出版社,2001.

[28] 韩建海.工业机器人[M].华中科技大学出版社,2015.